高等职业技术教育教材

机床夹具实训教程

航空工业高等职业技术教育教材编委会编

学苑出版社

图书在版编目(CIP)数据

机床夹具实训教程/航空工业高等职业教育教材编委会编著.
—北京:学苑出版社,2007.8
ISBN 978 – 7 – 5077 – 2896 – 5

Ⅰ.机…　Ⅱ.航…　Ⅲ.①机床夹具—高等学校;技术学校—教材　Ⅳ.TG75

中国版本图书馆 CIP 数据核字(2007)第 109881 号

责任编辑:韩继忠
出版发行:学苑出版社
社　　　址:北京市丰台区南方庄 2 号院 1 号楼
邮政编码:100079
网　　　址:www.book001.com
电子信箱:xueyuan@ public. bta. net. cn
销售电话:010 – 67675512、67602949、67678944
经　　　销:全国新华书店经销
印　刷　厂:永清县金鑫印刷有限公司
开　　　本:880×1230　1/16
印　　　张:9
字　　　数:250 千字
版　　　次:2007 年 12 月北京第 1 版
印　　　次:2007 年 12 月北京第 1 次印刷
印　　　数:0001—2000 册
定　　　价:28.00 元

航空工业高等职业技术教育教材编委会

前　　言

　　本书是为高等职业技术教育和中等职业技术教育的机械制造专业、机电一体化专业学习工装设计和制造技术编写的实训试用教材。目前，随着装备制造业大规模数控化，企业急需高技能、高素质、复合型人才。然而，高技能人才的奇缺，严重制约着装备制造业的发展。因此，加快高技能复合型操作人才的培养，成为当务之急。

　　机床夹具使用与装配技术是实用性很强的一门技术，高技能人才一方面要具备综合的基础知识，另一方面要有解决实际问题的能力。因此，工艺装备操作技能的培养成为装备制造业培养技能人才的重要环节。

　　本教材力求在课程内容上做到理论与实际相结合，突出以生产实习教学为主导的特点，密切联系我国装备制造业的发展和生产的实际，由浅入深，循序渐进，使培养出来的学生既具有一定的工艺装备基础知识，又能掌握比较系统的专业技术理论和具有较扎实的操作技能，毕业后就能上岗独立操作。

　　本教材考虑到数控机床都是右手坐标系原则，在定位自由度分析中采用右手坐标系定义，使学生逐渐习惯坐标方向。

　　参加丛书编写的单位有：沈阳航空职业技术学院、江西航空职业技术学院、西安航空职工大学西航工学院、南方航空技术学院、西安飞机工业（集团）公司职工工学院、兰州航空工业职工大学、贵州航空工业职工大学、陕西宝成工学院、哈尔滨航空职工大学、成都飞机工业（集团）公司职工工学院、陕西庆安工学院、西安阎良区试飞院工学院、陕飞工学院、陕西航空职业技术学院。

　　在此，我们谨向所有为本书提供大力支持的有关学校和领导，以及在组织、撰写、研讨、修改、审定、打印、校对等工作中做出奉献的同志表示由衷的感谢。

　　本教材的编写工作，由于时间紧促，水平有限，一定存在不足之处，我们恳切期望使用本教材的同志提出批评和修改意见。

航空工业高等职业技术教育教材编委会

2007年12月

目　录

机床夹具定位原理

典型夹紧机构工作原理

工件在通用夹具上的安装

专用夹具设计及装配

夹具在机床上安装

分度装置应用

组合夹具基本原理

组合夹具的组装与检测

"专用"组合夹具组装

机床夹具定位原理

实验 1　六点定位原理分析实验

一、实验原理

在机床上加工工件时,要使工件的各个被加工面的尺寸及位置精度满足零件图或工艺文件所规定的要求,就必须在切削加工前使工件在机床夹具中占有一个确定的位置,使其相对于刀具的切削运动具有正确的位置。这个确定工件位置的过程,称为定位。

图 1-1 零件图所示,被加工孔 D 的轴线与工件的圆柱轴线 Z 垂直相交,工件的矩形槽 S 与被加工孔 D 的轴线保持 90°角度关系,孔轴线离左端尺寸 $X\pm\Delta$。只有当工件处于正确定位,才能保证工件的工艺要求。

(一)工件在空间的自由度

忽略工件的微小变形,工件可视为一个刚体。自由刚体在空间直角坐标系中具有六种可能的运动。如图 1-2 六面体工件坐标系所示,即可沿着 x 轴、y 轴 z 轴移动;又可绕着 x 轴、y 轴 z 轴转动。这种移动和转动的可能性就称作自由度。用 $\vec{x}$、$\vec{y}$、$\vec{z}$ 表示沿三个坐标轴移动的自由度,$\hat{x}$、$\hat{y}$、$\hat{z}$ 表示绕三个坐标轴转动的自由度。因此,工件在自由状态下共有六个自由度。限制了工件的某个自由度,该工件在这个方向上的位置就确定了。我们可以根据加工要求,通过限制工件自由度的方法,达到工件在夹具上定位的目的。

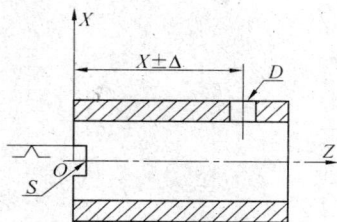

图 1-1　零件图

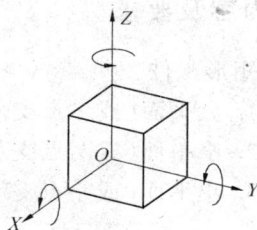

图 1-2　六面体工件坐标系

(二)六点定位原理

由于工件和夹具的表面都有制造误差,工件表面只能有几个点与夹具接触,为了分析上的方便,可以把夹具的限位面抽象为定位支承点,在组装夹具时,用六个支承点来限制工件的六个自由度,工件就得到正确的定位。为了形象直观地说明六点定位原理,以图 1-3(六面体工件支承点)的六面体的定位方式为例。在 xOy 坐标面内设置三个支撑点,与六面体的底面接触,限制了 $\hat{z}$、$\hat{x}$、$\hat{y}$ 三个自由度。在 xOz 坐标面内,沿 x 轴方向设置两个支承点,当六面体侧面与两个支承点接触时,限制了 $\vec{y}$、$\hat{z}$ 两个自由度。在 yOz 坐标面内设置一个支撑点,当六面体与该支撑点接触时,就限制了 $\vec{x}$ 一个自由度。这样就限制了六面体的六个自由度。这种用空间位置不同的六个支承点,分别限制物体六个自由度来确定工件在空间位置的方法,叫做六点定位原理。

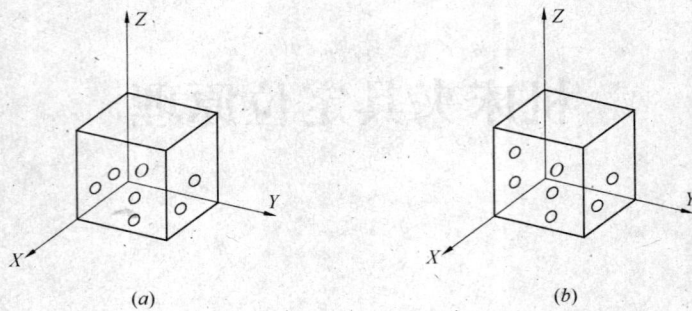

图 1 - 3   六面体工件支承点

六点定位原理虽然是从长方体工件的定位过程中抽象出来,但却是具有普遍意义。因此,任何一种形状的工件都应遵守六点定位原理,所不同的只是支承点分布方式上有差别。当支承点的布局不合理时,会发生既没有足够地限制住工件的自由度,又会使有的自由被重复限制。应该注意的是,不能用支承点数目的办法判断工件是几点定位,而是要看限制工件自由度的数量,限制了几个自由度,工件就是几点定位。在实际应用中,定位基准与定位元件不一定是若干个点接触,而是一些线或面接触。如图 1 - 3 (b)侧面的两个支承点不是在一个水平线上,而是上下排列,则对 y 轴移动限制了两次,产生了过定位,而绕 z 轴的转动没有起到限制作用。如果工件的底面与侧面不垂直,则必有一个支承点与工件表面不贴合,究竟哪一个表面的哪一部分没有贴合,事先是无法知道的,因此定位就不稳定,并带来定位误差。同样工件底面的三点若分布不当,会产生类似情况。所以工件定位时,必须合理地布置支承点的位置,以避免过定位和欠定位现象。

二、实验目的

工件的形状不同,定位基准不同,工件的定位方案就不同。学会用合理分布的六个支承点,相应限制不同形状工件应限制的自由度。

三、实验内容及要求

工   件:矩形工件。

定位元件:1. 大平面(或三点支承);

2. 窄平面(或两点支承);

3. 小平面(或一点支承)。

四、实验步骤

1. 将定位元件 1、2、3 号支承点按简图示意位置放置在平台上(图 1 - 4 三点支承);

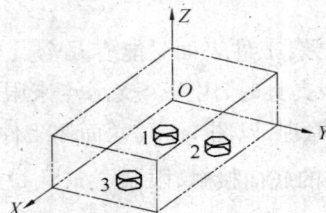

图 1 - 4   三点支承

2. 安放工件并分析理解 1、2、3 号支承点,限制一批工件 $\vec{z}$、$\overset{\curvearrowright}{x}$、$\overset{\curvearrowright}{y}$ 自由度的实际效果,作好原始记录;

3. 再将 4、5 号支承点支承至工件侧面如图 1-5 五点支承,分析理解 4、5 号支承点,限制一批工件的 $\vec{y}$、$\overset{\curvearrowright}{z}$ 自由度,作好原始记录;

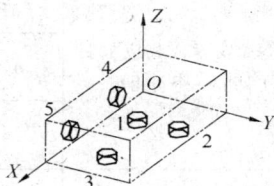

图 1-5 五点支承   图 1-6 六点支承

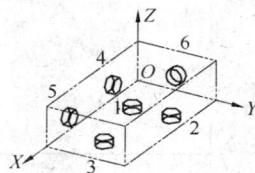

4. 6 号支承点支承至工件后面如图 1-6 六点支承,分析理解限制一批工件 $\vec{x}$ 自由度的实际效果,作好原始记录;

5. 实验完毕,应用汽油将定位元件、工件洗净,用干净软布擦干,涂上防蚀剂,装入盒内收藏;

6. 填写实验报告,将分析结果填到表 2-1 的空格内。

实验 2 工件以平面定位时定位方案确定实验

一、实验原理

根据六点定位原理,针对立方体零件的结构特点合理的分布六个支承点,使之在定位过程中不发生重复定位和欠定位现象。

二、实验目的

工件的定位基面为平面时,学会采用不同的定位元件、合理分布支承点位置,理解各元件的特点、使用方法及应用范围。

三、实验元件及工具

1. 矩形工件;
2. 支承钉;
3. 支承板;
4. 浮动支承;
5. 钳工平台。

四、实验步骤

1. 将定位元件 1、2 号支承点按简图示意位置放置在平台上(表 2-1,下图);
2. 安放工件并分析 1、2 号支承点限制工件的哪些自由度,作好原始记录;
3. 再将 3 号支承点支承至工件侧面,分析 3 号支承点限制工件的哪些自由度,作好原始记录;
4. 实验完毕,应用汽油将定位元件、工件洗净,用干净软布擦干,涂上防蚀剂,装入盒内收藏;
5. 填写实验报告,将分析结果填到表 2-1 中空格内。

表 2 –1   工件以平面定位时定位方案确定

工件定位基准面及加工内容	定位元件	定位方式简图	定位元件特点	限制的自由度	
平面 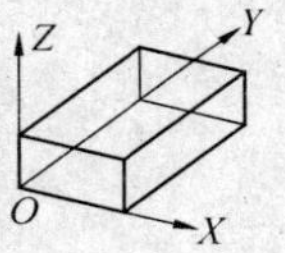	支承钉	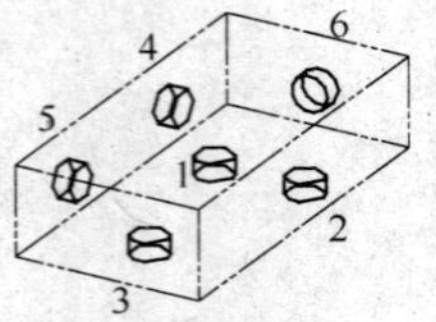	每个支承点相应限制工件的一个自由度	1、2、3	
				4、5	
				6	
	固定支承 与 浮动支承	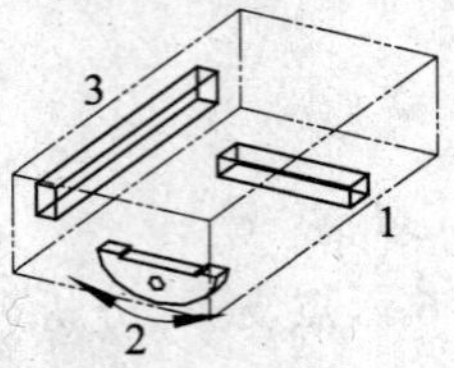	每个支承板相当于两点支承 元件 2 为浮动支承	1、2	
				3	

实验 3   工件以内圆表面定位时定位方案确定实验

一、实验原理

工件以内圆表面定位时,定位基准为孔的中心线,定位基面为内圆表面。根据六点定位原理,针对零件的结构特点合理的分布六个支承点,使之在定位过程中不发生重复定位和欠定位现象。

二、实验目的

工件的定位基面为内孔时,学会采用不同的定位元件、合理分布支承点位置,理解各元件的特点、使用方法及应用范围。

三、实验元件及工具

工件:圆柱套筒

定位元件:1. 定位元件为短圆柱销、长圆柱销;

               2. 定位元件为小锥度芯轴、大锥度芯轴;

               3. 定位元件为短棱形销、长棱形销。

四、实验步骤

1. 将定位元件按简图示意组合;

2. 安放工件定位;

3. 分析各定位元件限制工件的哪些自由度,作好原始记录;

4. 实验完毕,应用汽油将定位元件、工件洗净,用干净软布擦干,涂上防蚀剂,装入盒内收藏;

5. 填写实验报告,将分析结果填到表 3 – 1 中空格内。

表 3 – 1   工件以内圆表面定位时定位方案确定

工件定位基准面及加工内容	定位元件	定位方式简图	定位元件特点	限制的自由度
圆孔 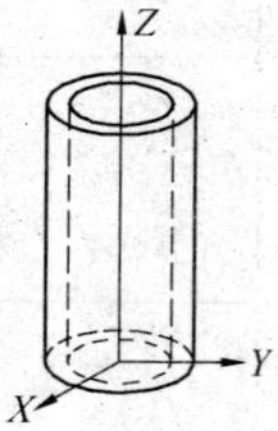 	定位销 （芯轴）		短销 （短芯轴）	
		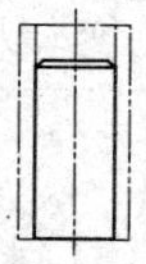	长销 （长芯轴）	
	锥销		大锥度单销	
			小锥度长销（轴）	
		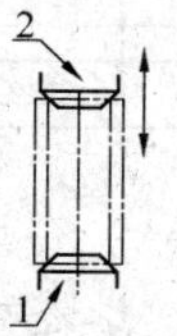	1—固定销 2—活动销	

实验 4   工件以外圆柱面定位时定位方案确定实验

一、实验原理

工件以外圆表面定位时,定位基准为外圆柱的中心线,定位基面为外圆表面,根据六点定位原理,针对零件的结构特点合理的分布六个支承点,使之在定位过程中不发生重复定位和欠定位现象。

二、实验目的

工件的定位基面为外圆时,学会采用不同的定位元件、合理分布支承点位置,理解各元件的特点、使用方法及应用范围。

三、实验元件及工具

工件:圆柱形
定位元件:1. 短内孔、三点;
2. 定位套、半圆孔;
3. 薄 V 形块、厚 V 形块;
4. 支承板、支承钉;

5. 锥套。

表 4 - 1 　　　　　　　　　　　　　工件以外圆柱面定位时定位方案确定

工件定位基准面及加工内容	定位元件	定位方式简图	定位元件特点	限制的自由度
外圆柱面 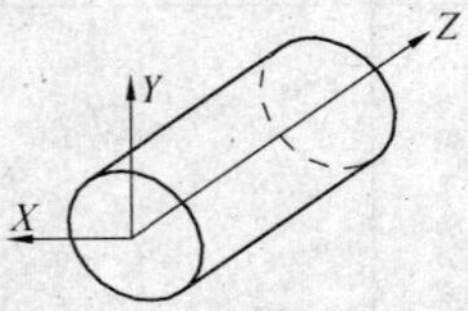	支承板	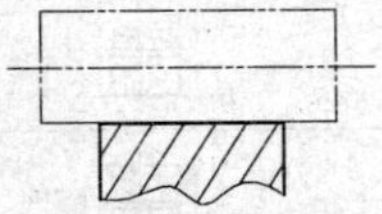	长支承板或两个支承钉	
	V 形块	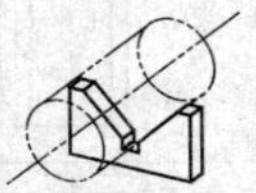	薄 V 形块	
		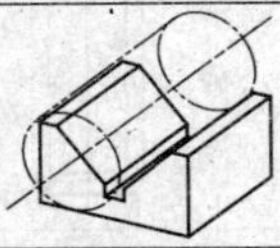	厚 V 形块	
	定位套	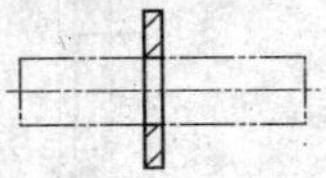	短套	
		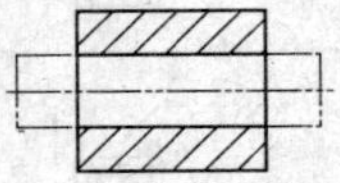	长套	
	半圆孔	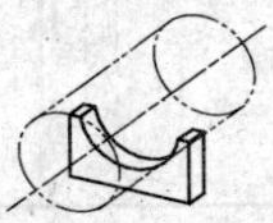	短半圆孔	
		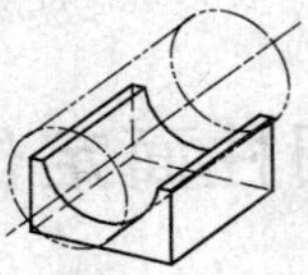	长半圆孔	
	锥套	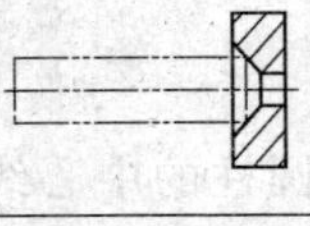	单锥套	
		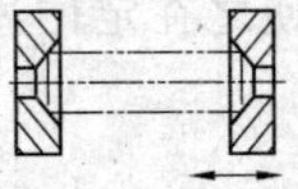	双锥套	

四、实验步骤

1. 将定位元件按简图示意组合;
2. 安放工件定位;
3. 分析各定位元件限制工件的哪些自由度,作好原始记录;
4. 实验完毕,应用汽油将定位元件、工件洗净,用干净软布擦干,涂上防蚀剂,装入盒内收藏;
5. 填写实验报告,将分析结果填到表 4 - 1 中空格内。

实验 5　限制工件自由度与工件加工要求关系的实验

一、实验原理

工件在夹具中定位是否都必须限制六个自由度,要根据工序图中工序尺寸的要求与加工定距切削来决定。如在长方体工件上铣削顶平面,图 5-1(零件加工上表面)采用定距装刀切削来获得 Z 方向的原始尺寸 $A_{-\Delta}^{0}$,就要确定工件在 Z 方向上位置和水平位置,因此需要水平放置三个支撑点来限制工件的 $\vec{z}$、$\widehat{x}$、$\widehat{y}$ 三个自由度。

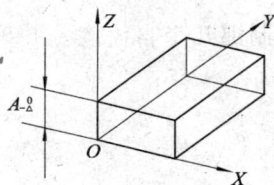

图 5-1　零件加工上表面

当长方体上加工通槽时,图 5-2(加工通槽)所示,要获得 Z、X 两个方向的工序尺寸 $A_{-\Delta}^{0}$ 和 $B_{-\Delta}^{0}$,就要确定工件在 z、x 方向上的位置和水平位置及面向 Y 方向的位置,既水平放置三个支撑点限制工件的 $\vec{z}$、$\widehat{x}$、$\widehat{y}$ 三个自由度以外,还要在 yOz 平面上沿着 y 方向设置两个支撑点,以限制 $\widehat{x}$、$\vec{z}$ 两个自由度。因为是加工通槽,工件的 y 方向移动自由度可不必限制,只要以机床工作台在 y 方向上的移动来适应工件在此方向位置的变化即可。

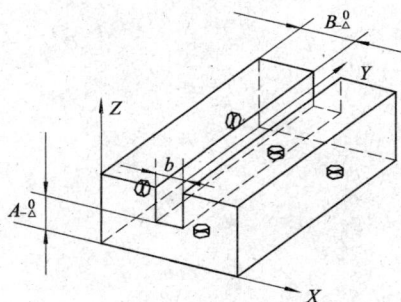

图 5-2　加工通槽

图 5-3 是加工不通槽,要获得 z、x、y 三个方向的原始尺寸 $A_{-\Delta}^{0}$、$B_{-\Delta1}^{0}$ 和 $C_{-\Delta2}^{0}$ 就需要限制工件的六个自由度,除了图 5-2 设置五个支撑点以外,还要在 y 方向设置一个支撑点来限制工件在 y 方向上的 $\vec{y}$ 自由度。

由上述几个例子可知,工件在空间虽有六个自由度,却不一定都要加以限制,而是根据工件的加工要求而定。除对钢球的加工以外,一般不少于三个自由度,最多只能限制六个自由度。需要限制工件全部六个自由度的定位叫做完全定位。被限制的自由度少于六个的定位叫做不完全定位。除了上述由于定位需要必须限制的自由度外,有时为了一些另外的原因(如结构上的,承受力方面的需要)也要对工件限制有关的自由度。

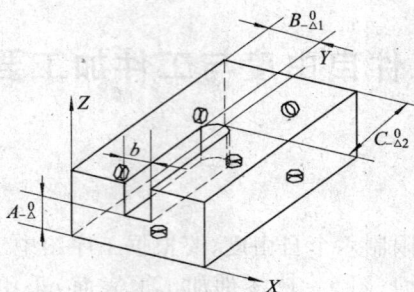

图 5 - 3 加工不通槽

二、实验目的

学会根据工件加工要求,分析需要限制那几个自由度。并确定合理的定位方案,选择合适的定位元件限制工件的自由度。

三、实验内容及要求

1. 在立方体工件上铣一通槽,工序尺寸 B、H、b 如图 5 - 4 工序图,试分析为保证各工序尺寸分别需要限制哪些自由度,并确定其定位方案,合理的分布各支承点的位置和元件结构如图 5 - 5 定位简图。

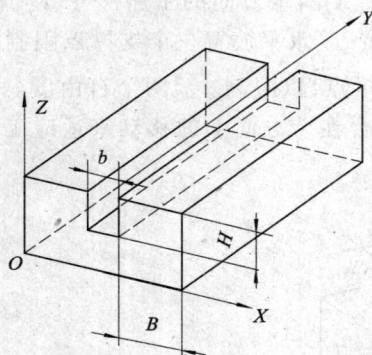

图 5 - 4 工序图

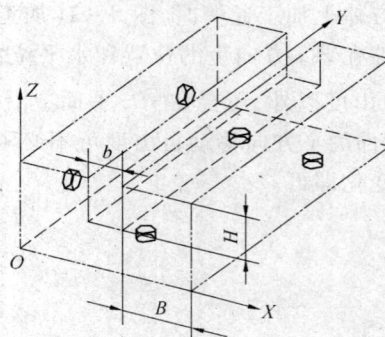

图 5 - 5 定位简图

实验步骤:
(1)将定位元件按简图示意组合;
(2)安放工件定位;
(3)分析各定位元件限制工件的哪些自由度,作好原始记录;
(4)实验完毕,应用汽油将定位元件、工件洗净,用干净软布擦干,涂上防蚀剂,装入盒内收藏;
(5)填写实验报告。

2. 在立方体工件上铣一不通槽,工序尺寸 A、B、S、b 如图 5 - 6 工序图,试分析为保证各工序尺寸分别需要限制哪些自由度,并确定其定位方案,合理的分布各支承点的位置和元件结构如图 5 - 7 定位简图。

实验步骤:
(1)将定位元件按简图示意组合;
(2)安放工件定位;
(3)分析各定位元件限制工件的哪些自由度,作好原始记录;

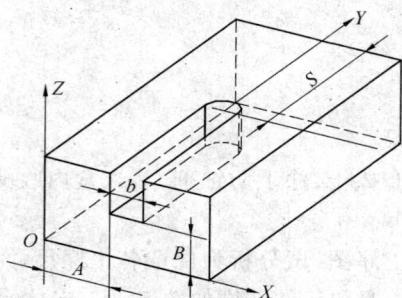

图 5-6　工序图

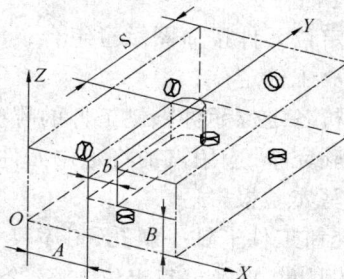

图 5-7　定位简图

（4）实验完毕,应用汽油将定位元件、工件洗净,用干净软布擦干,涂上防蚀剂,装入盒内收藏;

（5）填写实验报告。

3. 在圆柱工件上铣一不通槽,工序尺寸 h、S、b 如图 5-8 工序图,试分析为保证各工序尺寸分别需要限制哪些自由度,并确定其定位方案,合理的分布各支承点的位置和元件结构如图 5-9 定位简图。

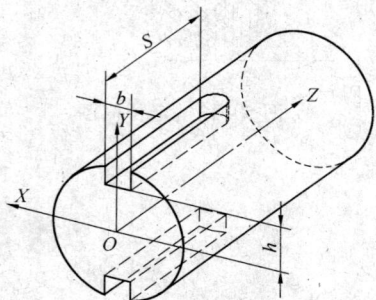

图 5-8　工序图

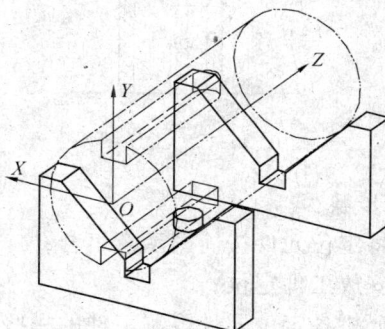

图 5-9　定位简图

实验步骤:

（1）将定位元件按简图示意组合;

（2）安放工件定位;

（3）分析各定位元件限制工件的哪些自由度,作好原始记录;

（4）实验完毕,应用汽油将定位元件、工件洗净,用干净软布擦干,涂上防蚀剂,装入盒内收藏;

（5）填写实验报告。

4. 在圆盘工件上钻六个均布孔,孔的起始位置与槽夹角30°如图 5-10 工序图,试分析为保证各工序尺寸分别需要限制哪些自由度,并确定其定位方案,合理的分布各支承点的位置和元件结构如图5-11定位简图。

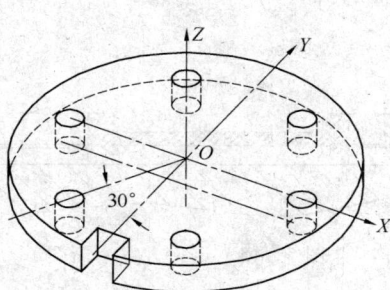

图 5-10　工序图

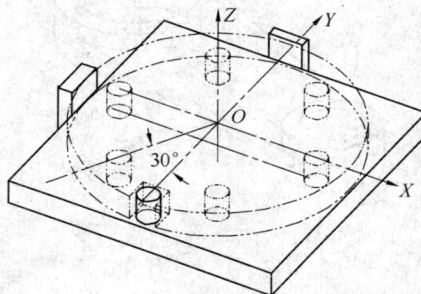

图 5-11　定位简图

实验步骤：

（1）将定位元件按简图示意组合；

（2）安放工件定位；

（3）分析各定位元件限制工件的哪些自由度，作好原始记录；

（4）实验完毕，应用汽油将定位元件、工件洗净，用干净软布擦干，涂上防蚀剂，装入盒内收藏；

（5）填写实验报告。

5. 在套筒工件上钻一斜孔，工序尺寸 ϕ、α、H 如图 5－12 工序图，试分析为保证各工序尺寸分别需要限制哪些自由度，并确定其定位方案，合理的分布各支承点的位置和元件结构如图 5－13 定位简图。

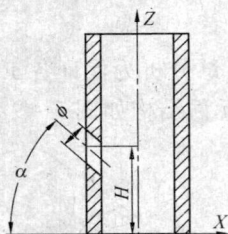

图 5－12　工序图

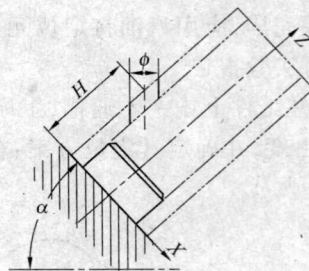

图 5－13　定位简图

实验步骤：

（1）将定位元件按简图示意组合；

（2）安放工件定位；

（3）分析各定位元件限制工件的哪些自由度，作好原始记录；

（4）实验完毕，应用汽油将定位元件、工件洗净，用干净软布擦干，涂上防蚀剂，装入盒内收藏；

（5）填写实验报告。

6. 在连杆形工件上铣一槽，工序要求槽中心相对两孔连线对称、工序尺寸 h、b，如图 5－14 工序图，试分析为保证各工序要求分别需要限制哪些自由度。并确定其定位方案如图 5－15 定位方案一简图，是一个平面和两个短圆柱销定位；图 5－16 定位方案二简图，是一个平面、一个圆柱销和一个菱形销定位；图 5－17 定位方案三简图，是一个平面和两个固定薄 V 形块定位；图 5－18 定位方案四简图，是一个平面、一个固定薄 V 形块和一个可移动薄 V 形块定位；试分析四种方案的合理性。

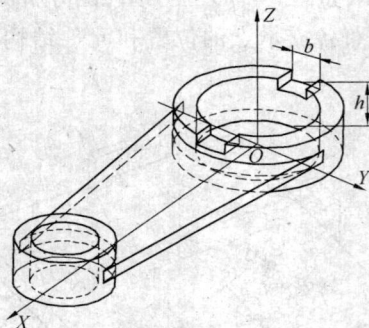

图 5－14　工序图

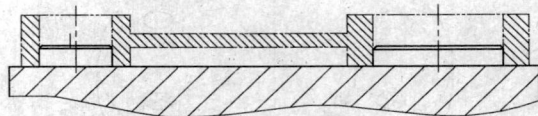

图 5－15　定位方案一简图

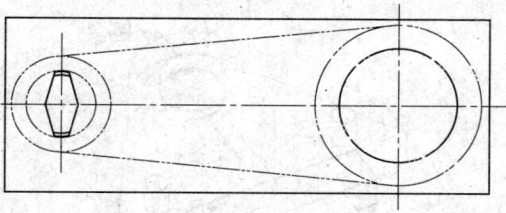

图 5 - 16　定位方案二简图

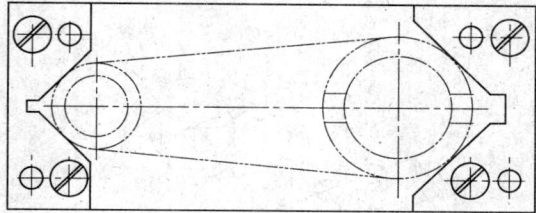

图 5 - 17　定位方案三简图

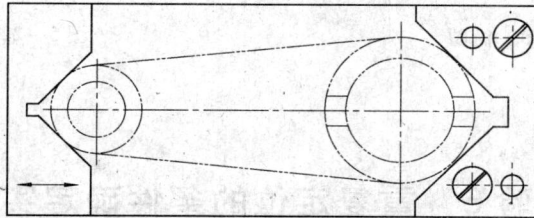

图 5 - 18　定位方案四简图

实验步骤：

（1）将定位元件按下列各种定位方案简图示意组合；

（2）安放工件定位；

（3）分析各定位元件限制工件的哪些自由度，是否合理，作好原始记录；

（4）实验完毕，应用汽油将定位元件、工件洗净，用干净软布擦干，涂上防蚀剂，装入盒内收藏；

（5）填写实验报告。

7. 在板形工件上钻四个孔，图 5 - 19 工序简图 1：工序基准在 X 方向为大孔中心，Y 方向为下底边；图 5 - 20 工序简图 2：工序基准在 X、Y 方向均为大孔中心。试分析为保证各工序尺寸分别需要限制哪些自由度，并确定其定位方案，合理的分布各支承点的位置和元件结构。

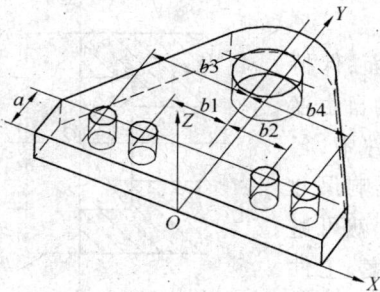

图 5 - 19　工序简图 1

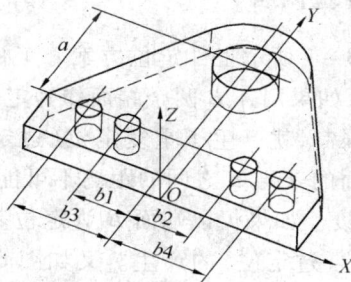

图 5 - 20　工序简图 2

实验步骤：

（1）将定位元件按下列两种定位方案简图，如图 5 - 21 定位方案一简图，图 5 - 22 定位方案二简图示意组合；

（2）安放工件定位；

（3）分析各定位元件限制工件的哪些自由度，作好原始记录；

（4）实验完毕，应用汽油将定位元件、工件洗净，用干净软布擦干，涂上防蚀剂，装入盒内收藏；

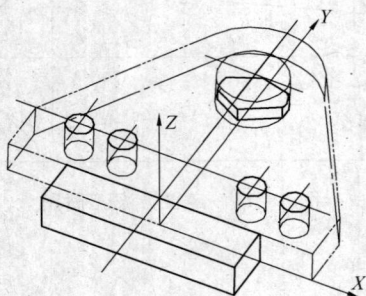

图 5-21 定位方案一简图

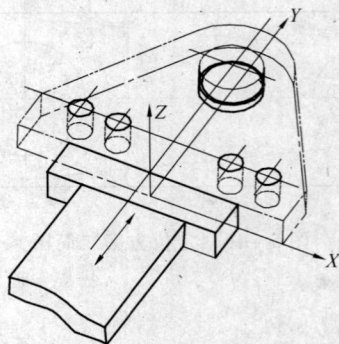

图 5-22 定位方案二简图

(5)填写实验报告。

实验6 重复定位的条件确定实验

一、实验原理

如果工件上同一个或几个自由度被几个定位支承重复限制,这种定位情况称为重复定位(过定位)。在一般情况下应避免重复定位(过定位)。

二、实验目的

1. 理解采用重复定位的条件;

2. 掌握重复定位(过定位)情况一般易造成定位不确定和使工件或定位元件产生变形,从而使工件定位精度受到影响。

三、实验内容

如图 6-1 所示工件定位方案。工件为一衬套,需加工端面,保持尺寸 $x\pm\Delta$,如果用 A、B 两个端面作为定位基准面,$\vec{z}$ 方向的移动自由度重复定位限制,就产生了重复定位(过定位)。因为在一批工件中,各工件的端面的 A 与 B 之间的距离不可能完全一致,这就直接影响尺寸 $x\pm\Delta$ 的精度。如果仅以端面 B 为定位基准,不使端面 A 接触,就可避免重复定位(过定位)的产生。又如图 6-2 所示工件定位方案,工件是连杆,以内孔和底面作定位基准,采用长圆柱销和定位板定位,长销限制了 $\vec{x}$、$\vec{y}$、$\hat{x}$、$\hat{y}$ 四个自由度,定位板限制了 $\vec{z}$、$\hat{x}$、$\hat{y}$ 三个自由度。其中 $\hat{x}$、$\hat{y}$ 被长销和定位板重复定位,因此会出现干涉现象。由于工件孔与端面及长销轴线与定位板均有垂直度误差,若长销刚度很好,将造成工件与定位板为点接触,而出现定位不稳定或在夹紧力作用下使连杆变形;若长销刚度不足,夹紧后则将产生弯曲而使夹具损坏。因此无论在哪种情况,都会导致加工质量难以保证。如果改用短圆柱销定位,限制 $\vec{x}$、$\vec{y}$ 二个自由度,就可避免重复定位(过定位)的产生。

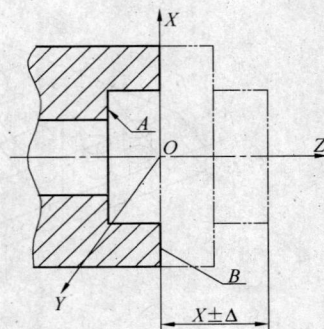

图 6-1 工件定位方案

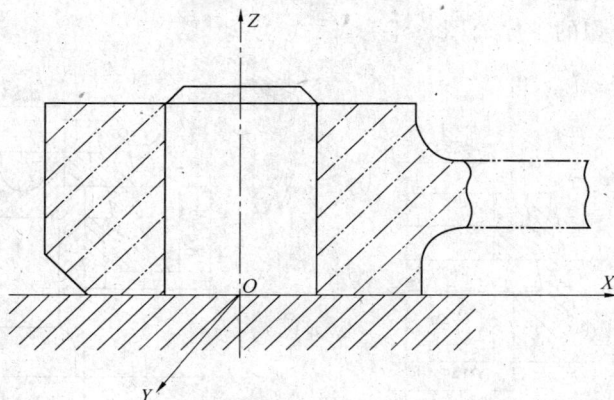

图 6-2 工件定位方案

四、重复定位（过定位）的合理应用

工件在夹具中定位，通常要避免产生重复定位（过定位）。但是在某特定条件下，合理采用重复定位（过定位），反而可以获得较好的效果，这对于刚度和精度要求高的航空仪表类工件更为显著。

采用重复定位（过定位）时应采取适当措施，由于重复定位（过定位）而引起的误差要限制在工件定位误差的允差围内，这时重复定位（过定位）是可取的。

重复定位（过定位）主要应用在以下几种情形下：

1. 增加结构刚度：

工件本身刚度和定位元件刚度的加强，是提高加工质量和生产率有效措施。图 6-3（工件安装方案）是滚齿时齿坯的定位情况，长圆柱销限制 $\vec{x}$、$\vec{y}$、$\hat{x}$、$\hat{y}$ 四个自由度，使轮周节与内孔同心，保证齿轮的运动精度和工作平稳性。齿坯端面与较大定位件凸台相接触，限制 $\vec{z}$、$\hat{x}$、$\hat{y}$ 三个自由度，以增强齿坯加工的刚度。这时长圆柱销与定位凸台重复限制 $\hat{x}$、$\hat{y}$ 两个自由度，但只要齿坯上作为定位基准用的孔和端面在一次装夹中加工出来，并保证两者有较高的垂直度，以及保证夹具上相应定位元件之间有较高的位置精度，定位时就不会产生干涉。

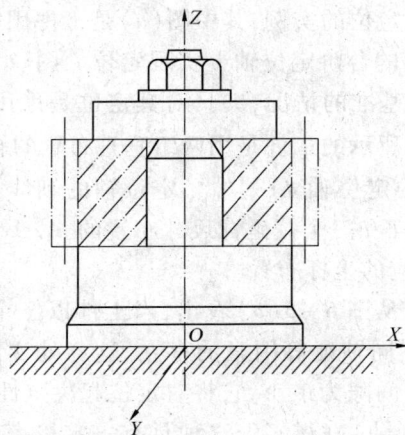

图 6-3 工件安装方案

2. 增强工件的刚度及减振：

图 6 - 4(a)图是周边铣切的工序简图。

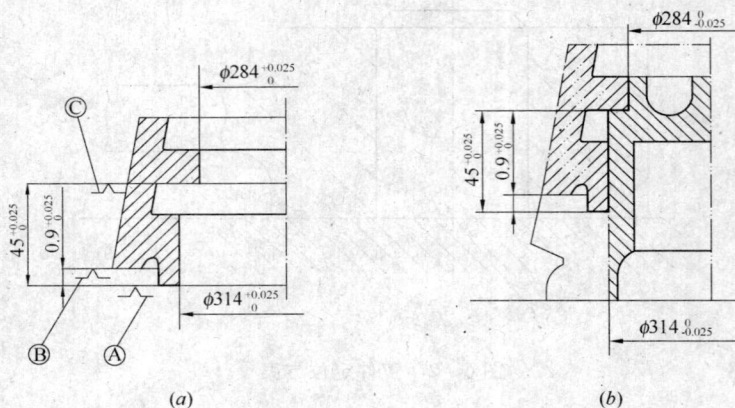

图 6 - 4   工序简图与定位

工件的定位基准是 A、B、C 三个端面和 $\phi284^{+0.025}_{0}$ 及 $\phi314^{+0.025}_{0}$ 两个内圆柱边表面。(b)图是工件在夹具上的定位,所示尺寸是零件的相应尺寸。从图示的尺寸关系可知,这三个定位平面所能起到的定位作用的概率是相同的,由于工件本身的刚性较差,如果夹紧力选取适当,可使三个平面与夹具定位面同时接触,工件会有少量夹紧变形,但由于支承面的增多,而加强了刚度,加工质量就随之改善。如果这三个基准面中,尚有某个基准面未与定位面接触,所留间隙也必然很小,它也具有限制切削变形和抑制振动的作用。同样,两个圆柱表面处的定位,亦有与上述类似作用。

这种重复定位(过定位)适宜工件刚度差,被加工部位震动大而夹具结构上却不便安置辅助元件时采用。它能使夹具结构简化,装夹工件的辅助工时减少,加工效率提高,但对于工件各定位基准及定位元件的各定位尺寸,形状和位置精度,应提出较高要求。

3. 提高定位精度：

工件许多圆孔作定位基准在夹具相应的定位销(轴)上实现定位,简称多孔定位。这是充分发挥重复定位(过定位)长处的有效定位方法。用作定位基准的许多孔,无论是按同轴线排列,还是沿同心圆分布或按坐标关系布置,都可以准确而方便地对工件实现定位。

图 6 - 5 零件图所示是几种多孔定位的实例,其中图(a)是工件用底面和同轴线上排列的三个内圆柱表面做定位基准,在夹具端面和相应的台阶定位轴上实现定位。图(b)的工件是以底平面和其上均布的九个 $\phi6^{+0.023}_{0}$ 及一个 $\phi7^{+0.1}_{0}$ 孔作定位基准的情况,夹具对其定位是采用一个大端面和相应的几个短圆柱销($\phi6^{-0.014}_{-0.022}$ 和一个 $\phi7^{-0.018}_{-0.033}$)。图(c)所示的工件是用两组垂直布置的孔做定位基准。夹具的定位是一个 $\phi20^{-0.020}_{-0.040}$ 长轴和一个可以轴向移动的定位轴 $\phi18^{+0.016}_{-0.033}$,定位轴的轴线也应要求其垂直相交,偏移要小于 0.05mm。图(d)所示的工件是用底面和三个按坐标尺寸布置的 A_1、A_2、A_3 孔作定位基准的例子。夹具定位端面上的三个短圆柱销也得按相应的坐标布置。

多孔定位法能够提高定位精度,从图 6 - 5(a)看出,当工件以三个孔做基准装到具有三个台阶的定位轴上后,由于它们的尺寸公差和不同轴度等因素的存在,这三处实际出现的配合间隙必然各不相同。在这三处之中,必有一处的实际配合间隙为最小,它将对定位起决定性的作用(其余过大的间隙将不会影响定位),这就要比仅用一个基准孔(轴)好得多。这种具有一定概率特性的综合效应,就是多孔定位能获得高定位精度的根据。

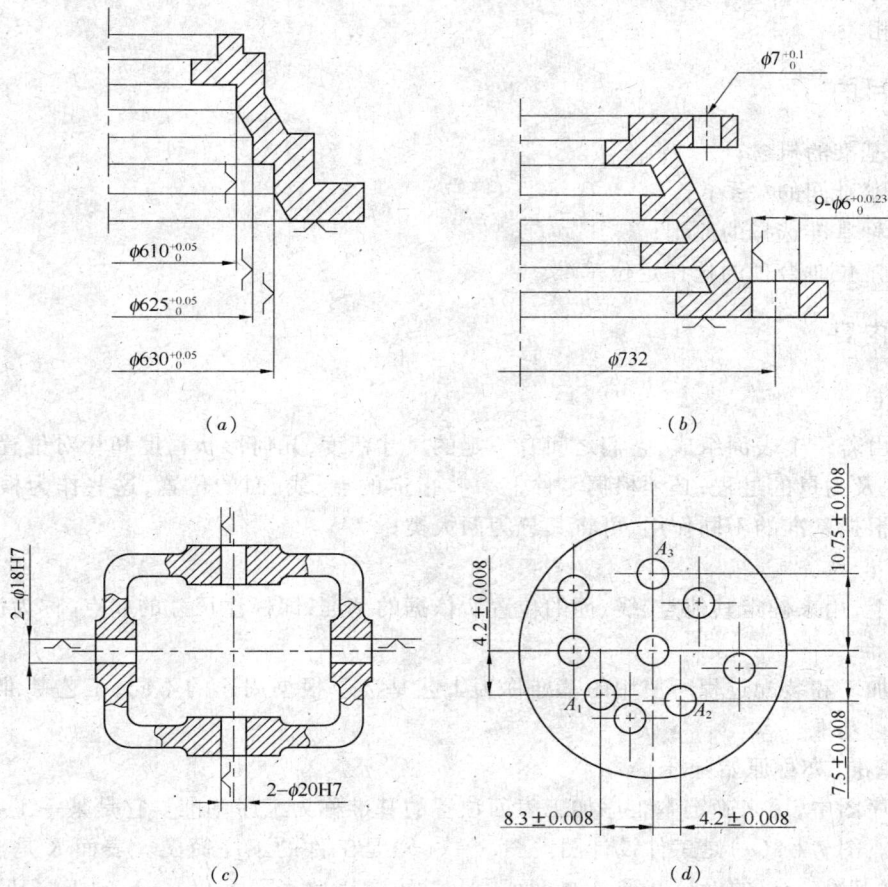

图 6-5 零件图

4. 复杂型面为基准时的重复定位(过定位):

工件以复杂的型面作为基准,夹具上的定位件无论是采用多个支承钉还是采用几个相应的型面定位件,其重复定位(过定位)现象都是明显的。只要对定位件的尺寸,形状和位置精度控制得合适,不但可以避免重复定位(过定位)的弊病,而且可以获得定位精度高,刚度好,夹具结构简单和使用寿命长的效果。

重复定位(过定位)的定位方法在合理采用时,可根据工作条件,工序特点,技术要求和生产类型等来综合考虑。为了严防重复定位(过定位)弊病的出现,必须对定位件的尺寸、形状和位置精度提出较高要求。工件定位基准也必须具备足够的精度。这对于工件刚度差,而加工精度要求高的产品最为适用。当定位可能出现紧度时,其局部接触应力和工件结构上的变形,都必须控制在允许的范围内。而且装卸工件时的力应适当。这里应当指出,采用重复定位(过定位)是有条件的,只有合理地采用,才可以获得良好的效果。

实验7 定位基准选择实验

一、实验原理

为了保证加工表面对工件上其他表面的位置精度,切削加工时,必须使工件相对于刀具处于正确的位置,这个规定位置是否准确,取决于工件在机床或在夹具中定位的准确性。定位准确与否,又与定位基准的选择直接相关。

二、实验目的

1. 理解各基准的概念;
2. 理解各基准间的关系;
3. 掌握各种基准选择的原则;
4. 在工件定位时合理的选择定位基准。

三、实验内容

(一)基准

零件总是由若干个表面组成,它们之间有一定的尺寸精度,几何形状精度和相对位置精度的要求,在零件设计,加工及测量的过程,必须根据零件上一些指定的点、线、面的位置,这些作为根据的点、线、面,则称为基准。根据基准的不同作用,可将其分为两大类;

1. 设计基准

在零件图上,用来确定其他点、线、面的位置所依据的基准,即标注尺寸的起点,称为设计基准

2. 工艺基准

零件在其加工和装配过程所使用的基准称为工艺基准。根据用途的不同,工艺基准分为工序基准,定位基准和测量基准。

(1)工序基准(亦称原始基准)

在加工工序图中,用来确定本工序加工表面位置的基准称为工序基准。它是某一工序所要达到的加工尺寸的起点。图7-1(a)是工件设计图。图7-1(b)是工件的工序简图。表面 K 是 O_1 的设计基准,又是 O_1 的工序基准。O_2 的设计基准是 O_1,而不是表面 K,因此表面 K 仅是 O_2 的工序基准。作为工序基准,它不仅是要考虑设计要求,还要考虑诸如加工顺序的安排,加工余量的分布等要求。

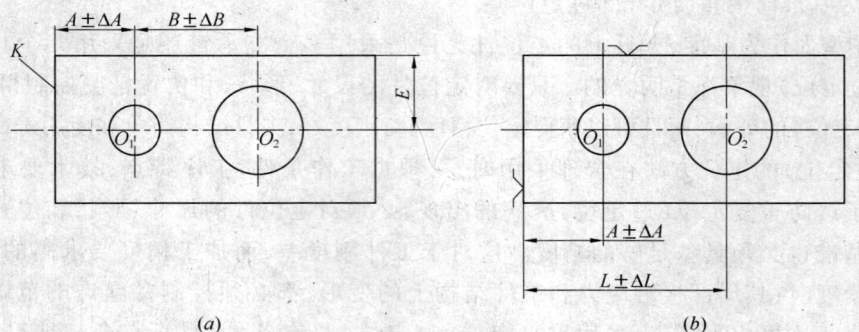

图7-1 零件设计图和工序图

(2)定位基准

是工件上的一个表面,用来确定被加工表面在工序尺寸方向上对夹具或机床的位置。

(3)测量基准

是测量加工表面位置时所依据的基准。

(二)定位基准的选择

定位基准的选择是否合理,将直接影响到工序的数目,夹具结构的复杂程度以及零件的加工精度。

因此应进行多种方案的分析比较。有时工件上没有合适的定位基准,为了工艺上的需要,在工件上专门设置的定位基准面,称为工艺用定位基准。如加工轴类工件的顶尖孔,箱体类工件距离较远的两个孔等均为该工件工艺用定位孔。

1. 粗基准的选择

粗基准是用没有加工过的表面作定位基准。选择粗基准时应考虑到下列原则:

(1)为保证加工表面与不加工表面之间的相对要求,应选择不加工表面为粗基准。若有几个不加工表面,则应选择与加工表面位置有紧密联系的表面作为粗基准。

(2)若工件加工表面较多,选择粗基准时,应合理分配各表面的加工余量,如工件上每个表面都需要加工,则应以余量最小的表面作为粗基准,以保证各表面都有足够的余量。为保证重要的表面余量均匀,应选择该表面作为粗基准。

(3)选择作为粗基准的表面,应尽可能平整、光洁、不能有飞边、浇口、冒口或其他表面缺陷,以便定位准确,夹紧可靠。

(4)由于毛坯表面比较粗糙,不能保证重复安装的位置精度,定位误差较大,所以粗基准一般只允许使用一次。但若采用精化毛坯,而相应的加工要求不高,重复安装的定位误差又在允许范围内,那么粗基准也可重复使用。

2. 精基准的选择

精基准是用以加工过的表面作定位基准。

选择精基准时,应重点考虑如何减少误差,提高定位精度,也要考虑安装方便,准确和可靠。一般应遵循下列原则:

(1)应尽量选用零件上的设计基准作为精基准,提高定位精度,也就是"基准重合"原则,这样可避免因基准不重合而引起的基准不重合误差。

(2)尽可能选用统一的定位基准加工各个表面,以保证各表面对基准的位置精度,这就是"基准统一"原则。如轴类零件采用两个顶尖孔作精基准;箱体类零件采用一个面积大、精度高的平面和两个距离较远的孔作精基准;圆盘类零件采用内孔和端面作精基准,都是统一基准的典型例子。

采用统一基准可以避免由于基准转换引起的误差,也有利于夹具结构的简化。

(3)为了获得均匀的加工余量或使加工表面间有较高的位置精度,有时可采取互为基准反复加工的原则。

(4)有的精加工工序要求加工余量小而均匀,或垂直度要求高,为保证加工质量和提高生产率,应选择加工面本身作为定位基准。

以上选择原则,有时是互相矛盾的,在选择定位基准时,必须综合考虑,在保证加工要求的前提下,尽量使夹具结构简单,工件稳定性好。一般来说,工件每一道工序加工的基准面,由工艺人员在工艺卡片上注明,夹具设计人员一般可照此设计,但如果掌握合理选择基准原则,就能灵活运用,必要时,建议工艺人员修改定位基准面,把夹具组装更加合理。

四、实验步骤

1. 根据下列各工件的加工要求,合理的选择定位基准;如图7-2定位基准选择练习零件图。
2. 根据工件的结构形状,合理的选择定位元件,并确定定位方案。
3. 分析每个定位元件限制工件的哪些自由度。
4. 将实验过程和分析结果做好原始记录填写实验报告。

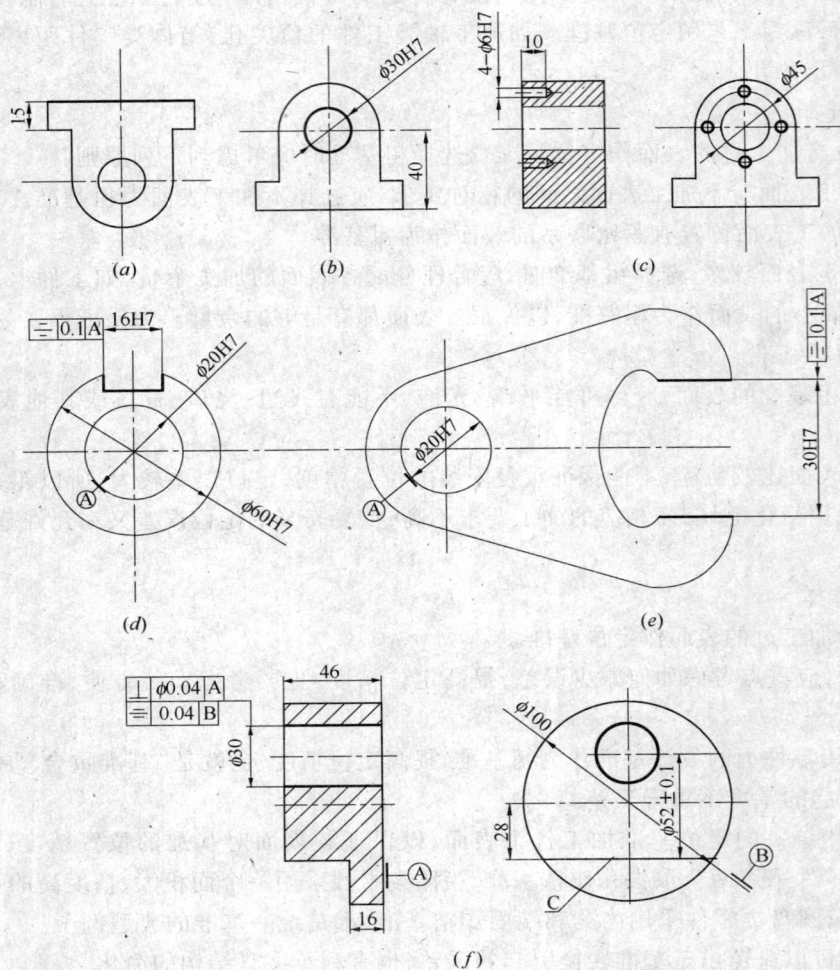

(a)   (b)   (c)

(d)   (e)

(f)

图 7-2   练习零件图

实验 8   固定支承、可调支承、辅助支承在定位中的区别实验

一、实验原理

工件以平面作为定位基准面时,常用的定位元件如下所述。

1. 主要支承:

主要支承用来限制工件的自由度,起定位作用。

(1)固定支承   固定支承有支承钉 GB/T2226-91 和支承板 GB/T2236-91 两种型式。如图 8-1 主要支承零件所示。在使用过程中它们都是固定不动的。

当工件以粗糙不平的毛坯面定位时,采用球头支承钉,如图 8-1(b)。齿纹头支承钉,如图 8-1(c)用在工件的侧面,能增大摩擦系数,防止工件滑动。当工件以加工过的平面定位时,可采用平头支承钉,如图 8-1(a),或支承板。图 8-1(d)所示支承板的结构简单,制造方便,但孔边切屑不易清除干净,故适用于侧面和顶面定位。图 8-1(e)所示支承板便于清除切屑,适用于底面定位。

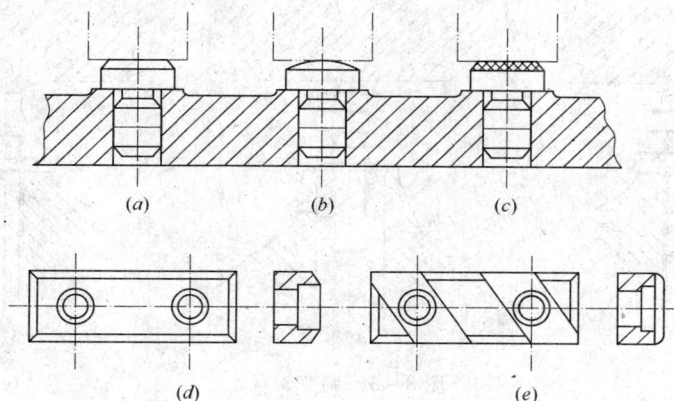

图 8-1　主要支承零件

需要经常更换的支承钉应加衬套,如图 8-2 所示支承钉与衬套。支承钉、支承板和衬套都已标准化,其公差配合、材料、热处理等可查国家标准《机床夹具零件及部件》(简称"夹具标准",下同),或《金属切削机床夹具设计手册》第 2 版(简称夹具手册,下同),或其他版本的《机床夹具设计手册》。

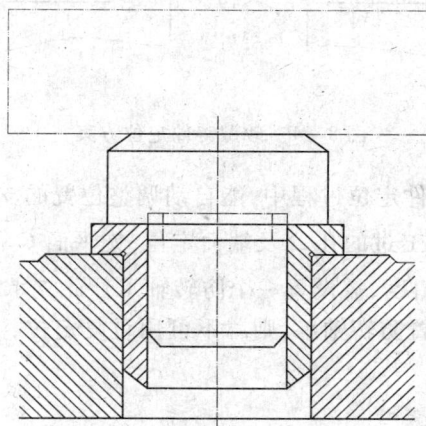

图 8-2　支承钉与衬套

当要求几个支承钉或支承板在装配后等高时,可采用装配后一次磨削法,以保证它们的限位基面在同一平面内。

工件以平面定位时,除采用上面介绍的标准支承钉和支承板外,还可根据工件定位平面的不同形状设计相应的支承板。

(2)调节支承(GB/T2227-91~GB/T2230-91)在工件定位过程中,支撑动的高度需要调整时,采用图 8-3 所示的调节支承。

在图 8-4(a)中,工件为砂型铸件,先以 A 面定位铣 B 面,再以 B 面定位镗双孔。铣 B 面时,若采用固定支承,由于定位基面 A 的尺寸和形状误差较大,铣完后,B 面与两毛坯孔如图 8-4(a)中的双点划线的距离尺寸 H_1 及 H_2 变化较大,致使镗孔时余量很不均匀,甚至余量不够。因此,图中采用了调节支承,定位时适当调整支承钉的高度,便可避免出现上述情况。对于小型工件,一般每批调整一次;工件较大时,常常每件都要调整。

在可调夹具上加工形状相同而尺寸不等的工件时,也可用调节支承。如图 8-4(b)所示,在轴上钻径向孔时,对于孔至端面的距离不等的几种工件,只要调整支承钉的伸出长度便可加工。

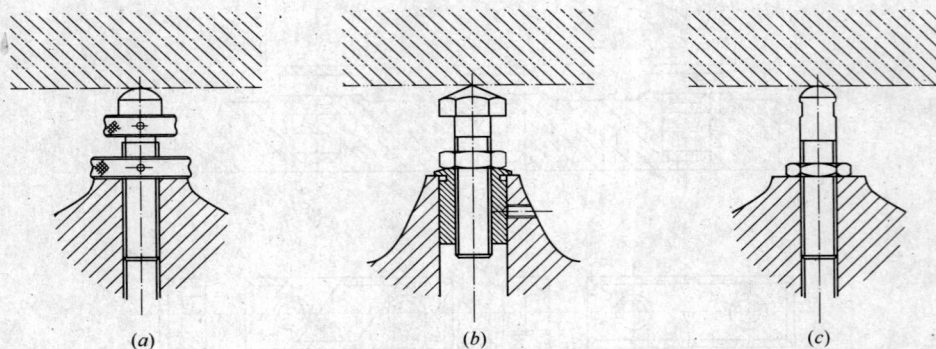

图 8 – 3 调节支承

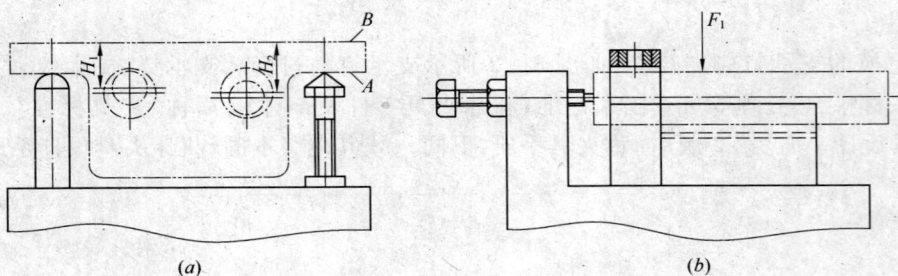

图 8 – 4 砂型铸件定位方案

（3）自位支承（浮动支承）在工件定位过程中，能自动调整位置的支承称为自位支承，或浮动支承。

图 8 – 5 所示的叉形零件，以加工过的孔 D 及端面定位，铣平面 C 和 E。用心轴及端面限制了 $\vec{x}$、$\vec{z}$、$\hat{x}$、$\hat{z}$、及 $\vec{y}$ 五个自由度。为了限制 $\hat{y}$ 自由度，需设置一个防转轴承。此支承单独设在 A 处或 B 处，都因工件刚性差而无法加工，若 A、B 两处均设置防转轴承，则属不可用重复定位，夹紧后工件变形大，这时应采用图 8 – 6 所示的自位支承。

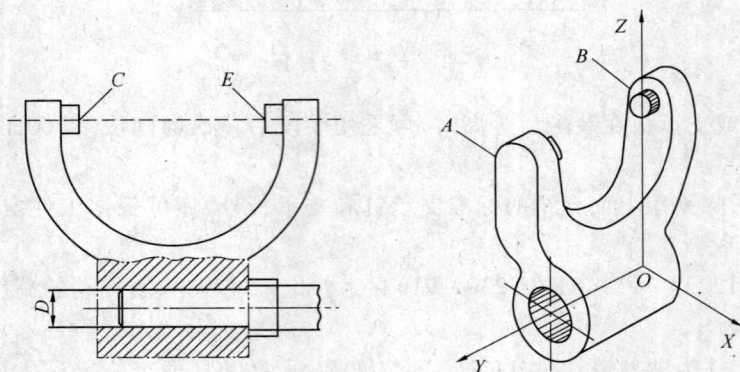

图 8 – 5 叉形零件

图 8 – 6（a）、（b）是两点式自位支承，图 8 – 6（c）位三点式自位支承。这类支承的工作特点是：支承点的位置能随着工件定位基面的不同而自动调节，定位基准压下其中一点，其余点便上升，直至各点都与工件接触。接触点数的增加，提高了工件的装夹刚度和稳定性，但其作用仍相当于一个固定支承，只限制工件一个自由度。自位支承适用于工件以毛坯面定位或刚性不足的场合。

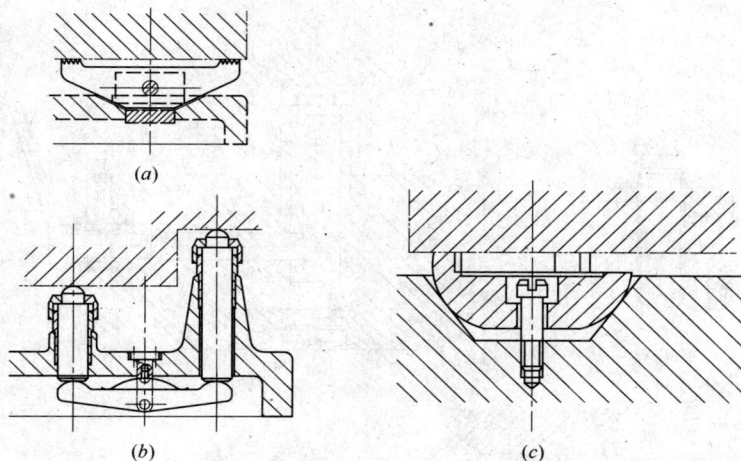

图 8 - 6 自位支承

2. 辅助支承：

辅助支承用来提高工件的装夹刚度和稳定性，不起定位作用。

如图 8 - 7 零件定位所示，工件以内孔及端面定位，钻右端小孔。若右端不设支承，工件装夹好后，右端为一悬臂，刚性差。若在 A 处设置固定支承，属不可用重复定位，有可能破坏左端的定位。在这种情况下，宜在右端设置辅助支承。工件定位时，辅助支承是浮动的（或可调的），待工件夹紧后再固定下来，以承受切削力。

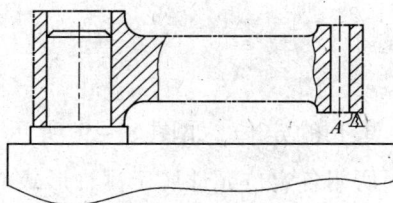

图 8 - 7 零件定位

（1）螺旋式辅助支承如图 8 - 8（a）所示，螺旋式辅助支承的结构与调节支承相近，但操作过程不同，前者不起定位作用，后者起定位作用，且结构上螺旋式辅助支承不用螺母锁紧。

（2）自动调节支承（GB/T2238 - 91）如图 8 - 8（b）所示，弹簧 2 推动滑柱 1 与工件接触，转动手柄通过顶柱 3 锁紧滑柱 1，使其承受切削力等外力。此结构的弹簧力应能推动滑柱，但不能顶起工件，不会破坏工件的定位。

（3）推引式辅助支承如图 8 - 8（c）所示，工件定位后，推动手轮 4 使滑销 5 与工件接触，然后转动手轮使斜楔 6 开槽部分涨开而锁紧。

二、实验目的

1. 区别固定支承、可调支承、辅助支承的结构特点；
2. 区别固定支承、可调支承、辅助支承应用的场合及适用范围；
3. 根据工件定位要求，合理选择三种不同的支承元件，使工件合理定位。

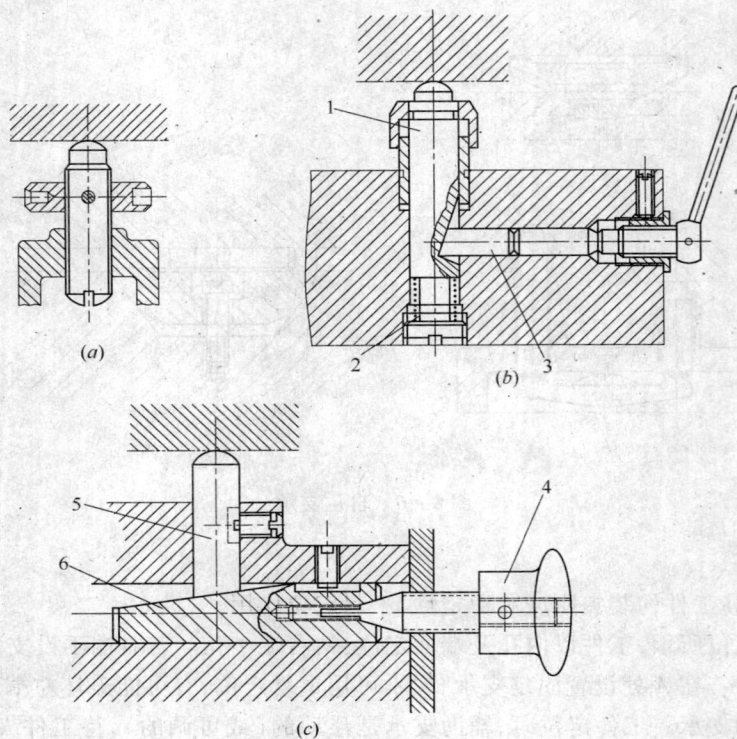

图 8 - 8　辅助支承

三、实验内容及要求

(一)一直角弯板工件,在夹具上的定位,如图 8 - 9 所示

1. 根据图示工件定位方案分析,所用各定位元件属于哪种形式的支承?
2. 对定位方案的合理性进行分析。

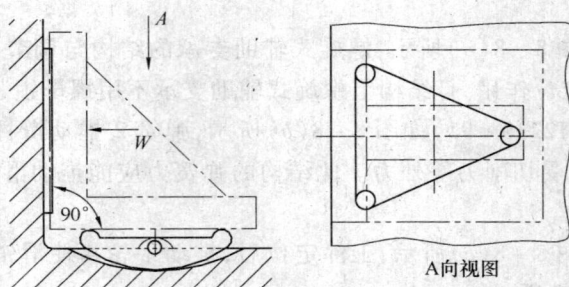

图 8 - 9　一直角弯板零件图

(二)图 8 - 10 所示,一轴承座工件在夹具中的两块支承板和四个支钉上定位

1. 选择支承板和支承钉的种类;
2. 对定位方案的合理性进行分析。

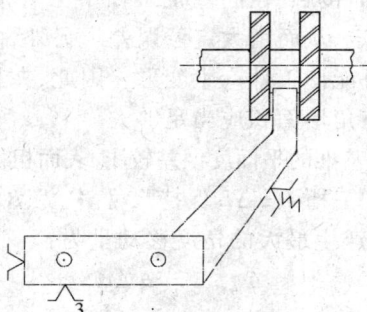

图 8 – 10 轴承座零件定位示意图

四、实验步骤

1. 根据以上各工件的定位要求,合理的选择支承元件;
2. 分析每个定位元件限制工件的哪些自由度;
3. 将实验过程和分析结果做好原始记录填写实验报告。

实验 9 定位误差分析实验

一、实验原理

一批工件逐个在夹具上定位时,由于工件及定位元件存在公差,使各个工件所占据的位置不完全一致,加工后形成加工尺寸的不一致,为加工误差。这种与定位有关的加工误差,称为定位误差,用 $\Delta_{定位}$ 表示。

(一)提高定位精度的方法

工件的定位误差,有时某一个因素起主导作用,有时几个因素同时起作用,必须对夹具的结构进行具体分析,采取一些提高定位精度的方法。

1. 选择定位基准时,尽可能采用工序基准作为定位基准,这样可消除基准不重合误差。如果不能用工序基准作为定位基准时,应该尽量提高定位基准与工序基准之间的尺寸精度和相互位置精度,这样可减小基准不重合误差。

2. 定位基准表面应具有一定的精度,以保证工件在夹具中的规定位置。如果定位误差超过应控制的范围时,则应提高工件定位基准面的精度。

3. 采用组合夹具元件组装定位结构时,应提高调整、测量技术,合理选用量具与测量方法。

4. 对于加工精度较高的工件,尽量不采用组合元件的定位结构,以避免调整误差的影响,必要时,采用专用定位件按精度选配,以获得较高的定位精度。

5. 尽量使组装计算的结果准确,以减少计算误差对定位精度的影响。

(二)定位方式与定位误差

1. 定位基准为平面

工件的定位基准为平面有两种情况:一种为粗基准平面,另一种为精基准平面。

当定位基准为粗基准平面时,基准表面粗糙不平,如果夹具上的定位表面也做成光整的平面,当定位时,基准只能以最高的三点与定位平面接触,在同一批工件中三个接触点所形成的支承三角形的面积和位置都不同,这样就会导致定位不稳定,从而增大定位误差。另外,由于作用在工件上支承反力的位置不固定,在夹紧力,切削力作用下就有可能使工件产生变形。因此,夹具上宜采用位置固定的三个支承点实现定位。三个支承点所组成的支承三角形面积应当足够大。

当定位基准为精基准平面时,由于基准的平面度误差较小,表面粗糙度也小,可以采用完整平面实现定位。

图9-1工件以两个平面定位,加工槽 $L \pm \Delta L$ 保持尺寸 $A_{-\Delta A}^{0}$、$B_{0}^{\Delta B}$,由于两个基准面有角度误差,定位基准 C 可能如图中虚线所示的位置,产生最大的角度移动量为:

$$\Delta_{角移动} = \pm \Delta \alpha$$

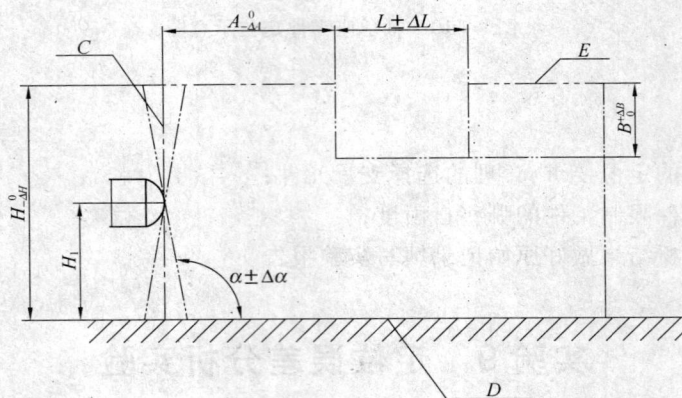

图9-1 两平面定位误差分析图

式中 $\pm \Delta \alpha$ 为定位基准的角度误差,由此可以求出影响工序尺寸 A 的直线误差量为:

$$\Delta_{移动} = \pm (H_{-\Delta H} - H_1) \mathrm{tg} \Delta \alpha$$

由式可知,H_1 越大则移动误差越小。工序尺寸 $B_{0}^{+\Delta B}$ 的工序基准是 E 面,对加工尺寸 $B_{0}^{+\Delta B}$ 有影响的定位基准是 D 面,工序基准与定位基准不重合。若视 D 的位置不变,工序基准 E 在加工尺寸 B 方向的最大变动量为 ΔH,即该加工尺寸 $B_{0}^{+\Delta B}$ 的基准不重合误差为:

$$\Delta_{不重合} = \Delta H$$

2. 定位基准为外(内)圆柱面

外圆柱面为定位基准的工件,常用圆柱定位套,V形件及以点定圆(即用组合夹件组装三点,四点,六点,八点等的定位方法),自动定心附件等。

(1)用圆柱套定位

为了保证整批工件都能顺利地放入定位孔中,定位孔的最小孔径必须大于定位基准的最大轴径,图9-2工件定位基准的尺寸为 $d_{-\Delta d}^{0}$,定位件的定位面尺寸为 $D_{+\Delta}^{+(\Delta+\Delta D)}$,其基准移动误差(即定位基准中心最大可能移动量)为:

$$\Delta_{移动} = (\Delta + \Delta D) - (-\Delta d) = \Delta d + \Delta + \Delta D$$

(2)用V形定位

V形是由两个互为 α 角的平面组成的元件,使用于以下几种工件的定位。

①工件垂直于V形底面方向上工序尺寸的公差较大,而水平方向的位置尺精度要求较高,如铣键槽或钻径向孔对称性要求高的工件。

②用外圆柱面作为定位基准,而不适合以孔定位的长轴或两端大,中间小的台阶轴,并以中间部分作定位基准的工件。

24

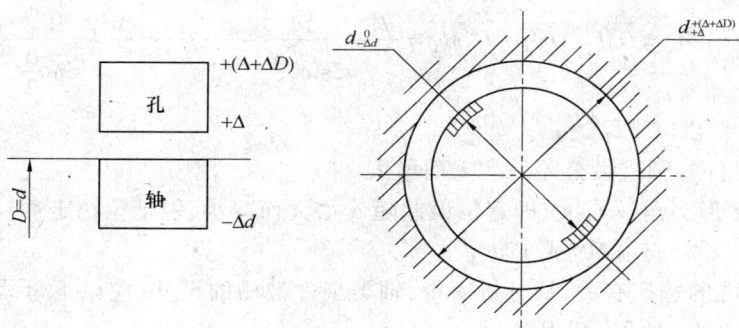

图 9 - 2 圆柱套定位误差分析图

③组合夹具元件的 V 形 α 角为 90°,必要时可以通过角度支承或转角支承等元件组装成 60°,120°等各种的 V 形。

图 9 - 3 为工件在 V 形上的定位,工件中心线为工序基准,在 X 方向移动误差为零。在 Z 轴方向的移动误差为 $\overline{OO_1}$。

则

$$\Delta_{移动} = \frac{\Delta d}{2\sin\frac{\alpha}{2}}$$

图 9 - 4 为外圆柱工件在 V 形上定位,加工键槽,求三种不同工序基准下的定位误差:

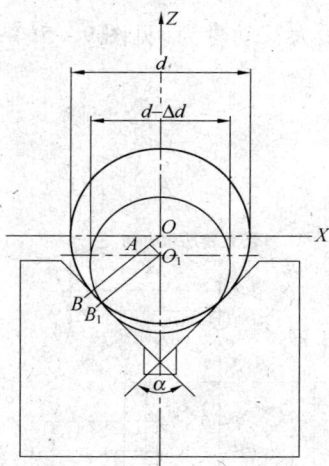

图 9 - 3 V 形块定位

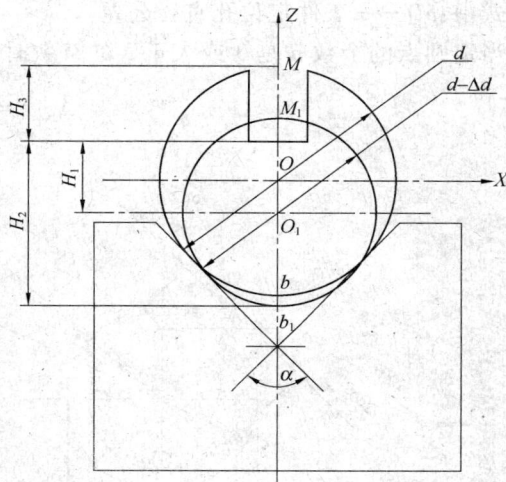

图 9 - 4 V 形块定位

(1)工序尺寸是 H_1,当工序基准是圆心 O,定位基准是外圆柱面,定位误差 ΔH_1 为:

$$\Delta H_1 = \overline{OO_1} = \frac{\Delta d}{2\sin\frac{\alpha}{2}}$$

(2)工序尺寸是 H_2,工序基准是外圆柱的下母线,最大变动量为 $\overline{bb_1}$,则定位误差 ΔH_2 值为:

$$\Delta H_2 = \overline{bb_1} = \overline{O_1 b_1} + \overline{OO_1} - \overline{Ob} = \frac{d - \Delta d}{2} + \frac{\Delta d}{2\sin\frac{\alpha}{2}} - \frac{d}{2} = \frac{\Delta d}{2}\left(\frac{1}{\sin\frac{\alpha}{2}} - 1\right)$$

(3)工序尺寸是 H_3,工序基准是上母线,最大变动量为 $\overline{MM_1}$ 故定位误差 ΔH_3 值为:

$$\Delta H_3 = \overline{MM_1} = \overline{OM} + \overline{OO_1} - \overline{O_1M_1} = \frac{d}{2} + \frac{\Delta d}{2\sin\frac{\alpha}{2}} - \frac{d-\Delta d}{2} = \frac{\Delta d}{2}\left(\frac{1}{\sin\frac{\alpha}{2}} + 1\right)$$

通过以上计算,可得出以下结论:

(1)定位误差随工件外圆直径公差的增大而增大。

(2)定位误差与 V 形夹角 α 有关,即定位误差随 α 增大而减小,但定位稳定性却随 α 增大而变差。故常用 α = 90°,必要时或用 60°或 120°。

(3)ΔH 与工序基准的选择有关,从分析所得,轴类工件键槽的尺寸,应以下母线注出,既便工序尺寸测量,并有利于减少工序尺寸的定位误差。

3. 以点定圆定位

对于较大的圆柱形工件,可以用圆柱销等组合夹具元件组合成定位件,这种结构存在元件的调整误差,以及由于工件定位基准与定位件表面的间隙的影响,其定位精度较底。

组合夹具元件以点定圆方法常用的有:三点定圆、四点定圆、六点定圆及八点定圆等。

若忽略定位元件的调整误差,工件定位基准的最大移动量 Δ_{max} 与定位点数的不同而变化,且移动量在各个方向上也不同,最大的移动量的方向是在两个相邻销所对圆心角平分线的方向上。

当定圆点的个数 n 是 4 或大于 4 的偶数时,工件定位基准的最大移动量为(见图 9-5a);

$$\Delta_{max} = \frac{\delta D}{\cos\frac{\pi}{n}}$$

式中:δD——工件定位孔直径公差。

当定圆点的个数 n 是 3 或大于 3 的奇数时,工件定位基准的最大移动量为(见图 9-5b);

$$\Delta_{max} = \frac{\delta D}{2}\left(1 + \frac{1}{\cos\frac{\pi}{n}}\right)$$

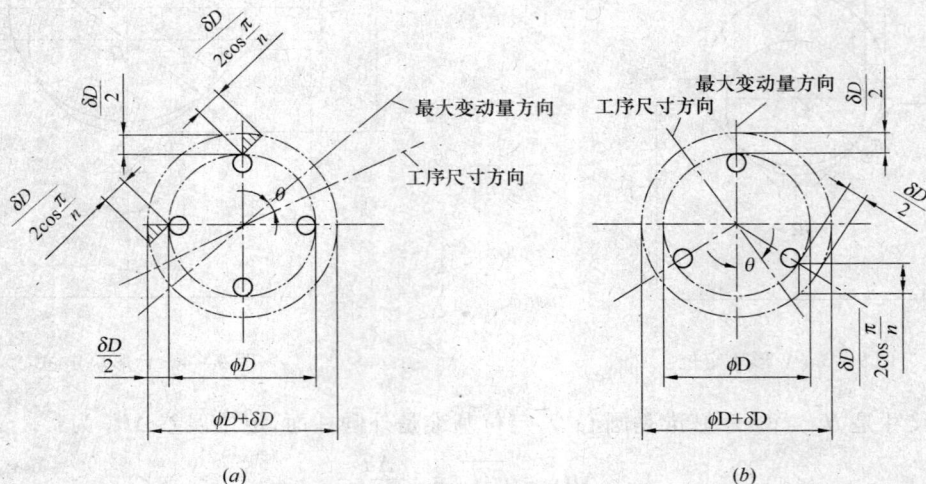

图 9-5 以点定圆方法示意图

以点定圆定位点数与位移误差的关系见表 9-1。

表 9-1 以点定圆定位点数与位移误差的关系

定位点数	三点	四点	六点	八点
组成 V 形角	60°	90°	120°	135°
位移误差	1.5δD	1.41δD	1.15δD	1.08δD

如工件定位基准的最大移动量不在加工方向上,则定位误差等于最大移动量在加工尺寸方向上的投影。

即:
$$\Delta_{定位} = \Delta_{max}\cos\theta\,(\theta \leqslant \frac{\pi}{2})$$

式中:θ——加工尺寸方向与最大位移方向的夹角。

4. 自动定心附件定位

三爪卡盘与钻夹头是机床通用附件,为组装组合夹具方便,常用它配合使用,当这两类附件与组合夹具元件组装时,产生几种定位误差。

①附件本身自动定心结构的制造误差 $\Delta_{附}$;

②附件与过渡轴间的配合误差 $\Delta_{过}$;

③附件连接轴与组合夹具元件间的配合误差 $\Delta_{连}$。

则:
$$\Delta_{定位} = \Delta_{附} + \Delta_{过} + \Delta_{连}$$

以上分析说明,采用机床自动定心附件的定位误差较大,适用于定位精度不太高的工件。

定位基准面为内圆柱面时,常用定位销以点定圆及自动定心附件定位,其定位误差的分析与外圆柱面定位相同。

(三)两孔定位

工件以两孔作为定位基准,当采用两个圆柱定位时,则在两销中心连线方向产生重复定位,为了补偿两孔间的公差与两定位销间的公差,使一批工件都能顺利安装,只有第二个圆柱销的直径缩小为 $2(\Delta L_{孔} + \Delta L_{销})$ 来消除孔距误差与销距误差的影响,这种方法造成基准孔和定位销之间的间隙增大,从而增加工件的转角误差($\Delta L_{孔}$、$\Delta L_{销}$ 分别为两孔、两定位销间的距离偏差)。

通常将第二个定位销改用菱形销,使在 x 方向不起定位作用。如图 9-6 所示。

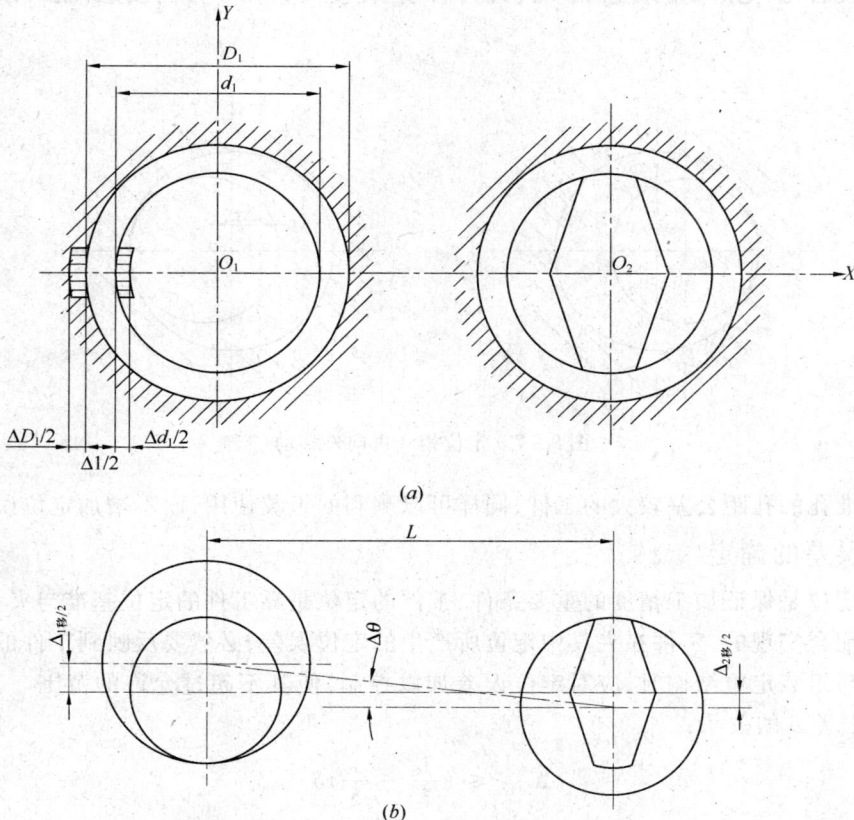

(a)

(b)

图 9-6 两孔定位转角误差分析

由于定位孔与销之间存在间隙,孔 1 与孔 2 的基准位移误差组合起来,将引起工件产生两定位误差。

1. 基准位移误差

基准位移误差,取决于定位孔 1 和定位销 1 之间的最大间隙。图 9 - 6(a)所示工件平面内任何方向上的基准位移误差为:

$$\Delta_{1移} = \Delta_1 + \Delta D_1 + \Delta d_1$$

2. 转角误差

由于定位孔和定位销作为 y 方向错移接触、造成工件两定位孔连心线相对夹具上两定位销连心线发生偏转,产生转角误差。图 9 - 6(b)所示,最大转角误差值按下式计算:

$$tg\Delta\theta = \frac{\Delta_{1移} + \Delta_{2移}}{2L}$$

在实际使用中,工件还可以向另一方向偏转角 $\Delta\theta$,全部的转角误差为 $\pm\Delta\theta$。从式中看出减小转角误差 $\Delta\theta$ 可从两方面看手:

①提高定位孔和定位销的加工精度,采用标准定位销时,可以选件来减小配合间隙。

②增大孔间距,在选择定位基准时,应尽可能选取距离较大,精度较高的两孔。

在组装定位结构缺乏菱形销时,也可以采用二个圆柱销,使主定位销 1 固定,次定位销 2 能沿两销中心线方向移动的方法,如图 9 - 7 所示,消除 x 方向的重复定位。这种结构具有以下优点:

①减小定位销的磨损和碰伤工件的可能性。

②由于定位销 2 沿两销中心线方向可以来回滑动,组装时只须调整定位销 1 的位置,不须再调整定位销 2 的位置,这样既不用考虑孔距与销距的公差,组装也非常方便。

③当工件安装后,如把滑动的定位销 2 向外再移动,促使两销在 x 方向接触,就可以减小转角误差,使 $\Delta\theta\rightarrow0$。

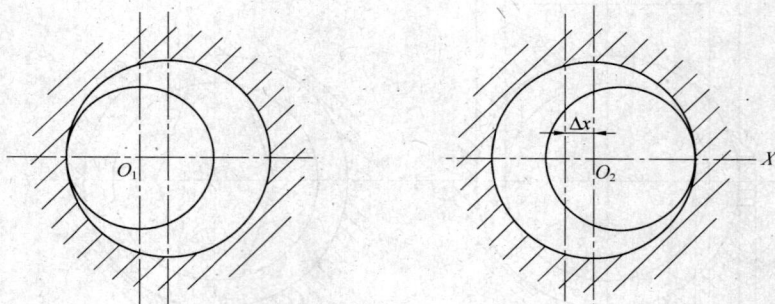

图 9 - 7 定位销 2 再向外移动

④对于两基准孔的孔距公差较大的工件,同样可以顺利的组装使用,而不增加定位误差。

(四)定位误差的确定

工件的正确定位是保证加工精度的重要条件,工件的定位是靠工件的定位基准与夹具的定位元件的定位表面接触或配合实现的,工件在夹具中定位所产生的定位误差,必然要反映到工件的加工精度上,因此在设计定位件与组装定位结构时,应对定位误差加以控制,使其不超过允许的范围。工件的定位误差 $\Delta_{定位}$ 与工件相应公差 δ 的关系:

$$\Delta_{定位} \leq (\frac{1}{3} \sim \frac{1}{5})\delta$$

式中:$\Delta_{定位}$——定位误差;

δ——工件相应公差。

（五）定位误差产生的原因

1. 基准不重合误差：

基准不重合是指设计基准或工序基准与定位基准不重合,产生基准不重合误差。

如图 9 - 8(a) 设计图与图 9 - 8(b) 是设计基准与定位基准不重合,使尺寸 $A \pm \Delta A$ 的误差,影响尺寸 $B \pm \Delta B$ 的误差,这种误差是基准不重合引起的,叫基准不重合误差。

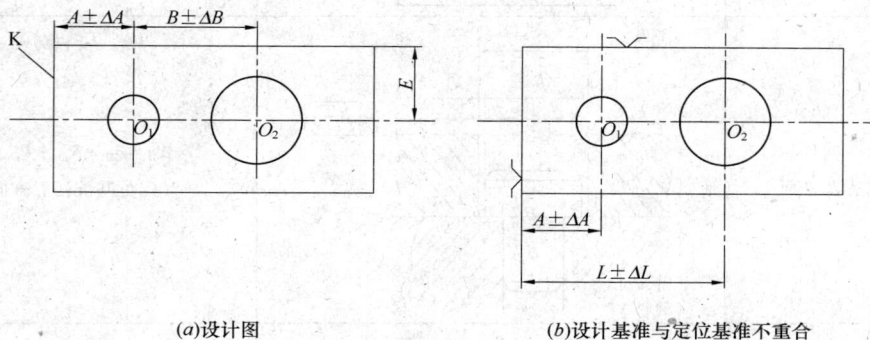

(a)设计图   (b)设计基准与定位基准不重合

图 9 - 8 基准不重合误差分析

2. 基准位移误差：

基准移动是指工件定位时,定位基准的位置偏离夹具上的规定位置,这种定位基准相对夹具上规定位置的移动,就叫做基准位移误差。

导致定位基准移动的因素有:

(1)定位基准的误差

(2)夹具定位表面的调整误差或制造误差。

(3)定位基准与定位表面为配合表面时,它们之间存在的间隙。

定位基准移动使整个工件跟随移动,则使工序基准随同移动。

上述定位误差两个原因都将使工序基准在沿原始尺寸方向上产生位移,其可能产生的最大位移量,称为该工序尺寸的定位误差,也就是定位误差等于基准不重合误差与基准位移误差的代数和。

以 $\Delta_{定位}$ 表示误差

则：
$$\overrightarrow{\Delta_{定位}} = \overrightarrow{\Delta_{位移}} + \overrightarrow{\Delta_{不重合}}$$

二、实验目的

1. 分析定位方案中的工序基准、定位基准、限位基准;
2. 计算基准不重合误差 $\Delta_{不重合}$、基准位移误差 $\Delta_{位移}$ 及定位误差 $\Delta_{定位}$ 的大小;
3. 分析定位误差计算的结果,是否满足加工要求。

三、实验内容

1. 常见定位方式的定位误差,见表 9 - 1 常见定位方式的定位误差;
2. 分析定位误差产生的原因;
3. 验证定位误差的大小结果。

表 9 – 1 　　　　　　　　　　　　　　　　常见定位方式的定位误差

定位方式		定位简图	定位误差
定位基面	限位基面		
平面	平面	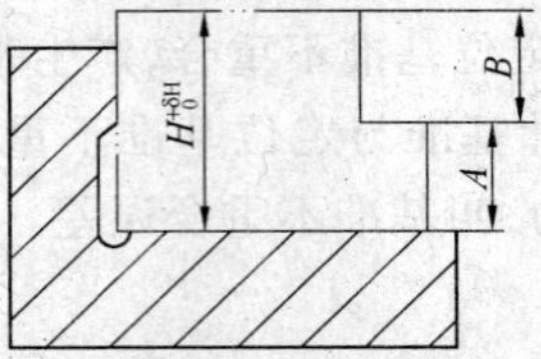	$\Delta_{DA} = 0$ $\Delta_{DB} = \delta_H$
圆孔面 及平面	圆柱面 及平面	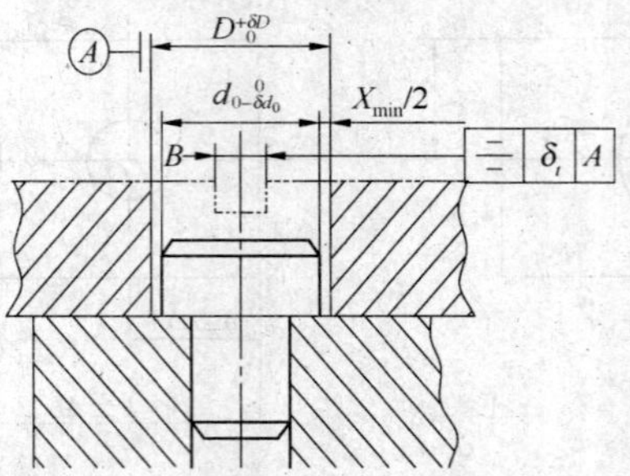	$\Delta_D = \delta_D + \delta_{d0} + X_{min}$ （定位基准任意方向移动）
圆孔面	圆柱面	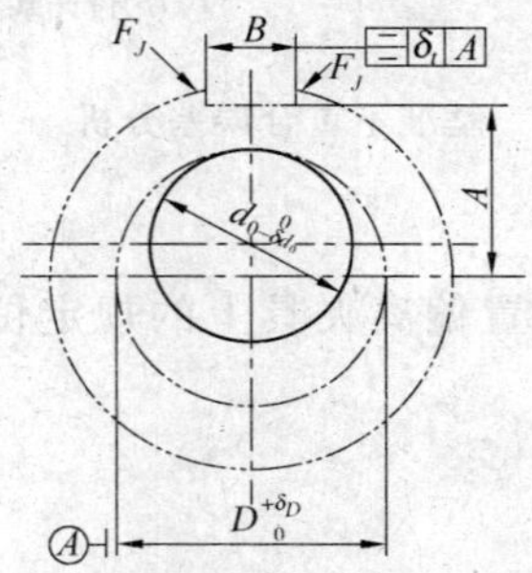	$\Delta_D = 0$ $\Delta_{DA} = \dfrac{1}{2}(\delta_D + \delta_{d0})$ （定位基准单方向移动）
圆柱面	平面及 V 形面	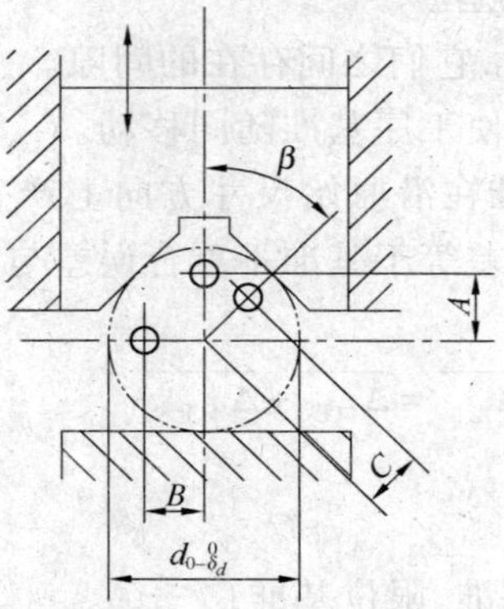	$\Delta_{DA} = \dfrac{\delta_d}{2}$ $\Delta_{DB} = 0$ $\Delta_{DC} = \dfrac{1}{2}\delta_d\cos\beta$
圆柱面	V 形面	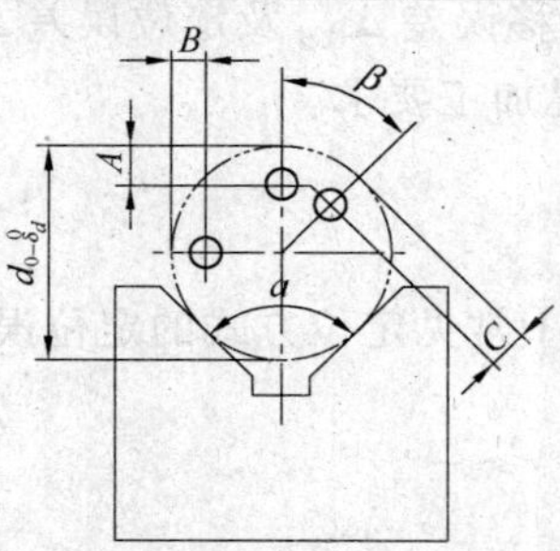	$\Delta_{DA} = \dfrac{\delta_d}{2}\left(\dfrac{1}{\sin\dfrac{\alpha}{2}} + 1\right)$ $\Delta_{DB} = \dfrac{\delta_d}{2}$ $\Delta_{DC} = \dfrac{\delta_d}{2}\left(\dfrac{\cos\beta}{\sin\dfrac{\alpha}{2}} + 1\right)$

四、综合训练

1. 根据表 9 - 2 中的实际零件加工要求、定位基准、工序基准分析计算各零件定位误差的大小。
2. 根据计算结果讨论减小定位误差办法,以及定位方案和采用的定位元件。
3. 填写表 9 - 2 空格。

表 9 - 2   **零件定位误差计算练习**

工序简图	工序基准	定位基准	定位特点	定位误差
加工上表面 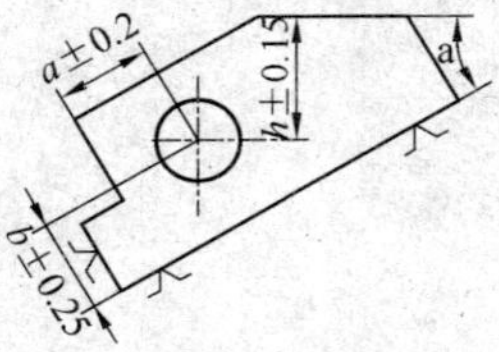	孔中心 底平面	底面、侧面	基准不重合	$\Delta_{\text{不重合}} = 2 \times 0.25 \times \cos\alpha$ $+ 2 \times 0.2 \times \cos(90° - \alpha)$
加工上表面 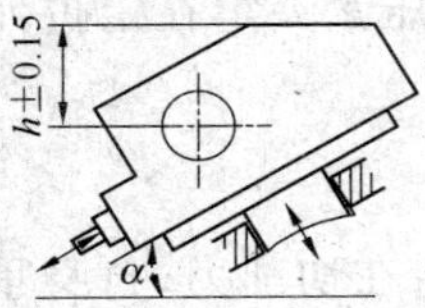	孔中心 底平面	圆柱孔、底平面	基准重合	$\Delta_{\text{不重合}} = ?$ $\Delta_{\text{位移}} = ?$ $\Delta_{\text{定位}} = ?$
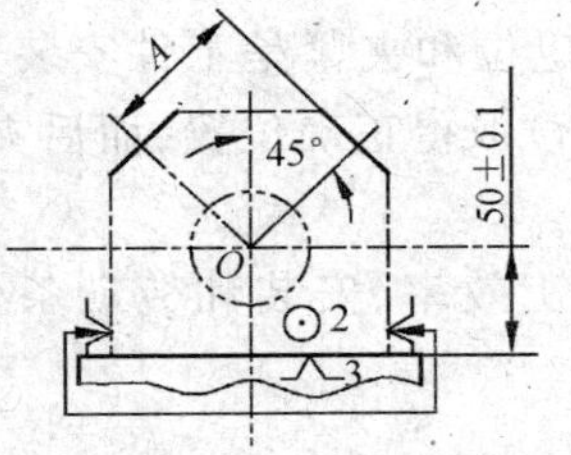	孔中心	下底面	基准不重合	$\Delta_{\text{不重合}} = ?$ $\Delta_{\text{位移}} = ?$ $\Delta_{\text{定位}} = ?$
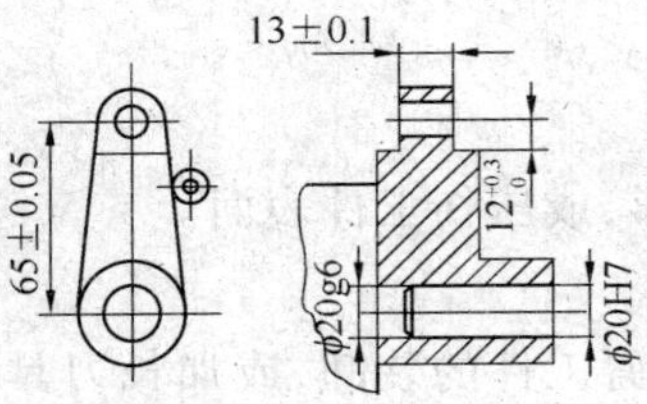				
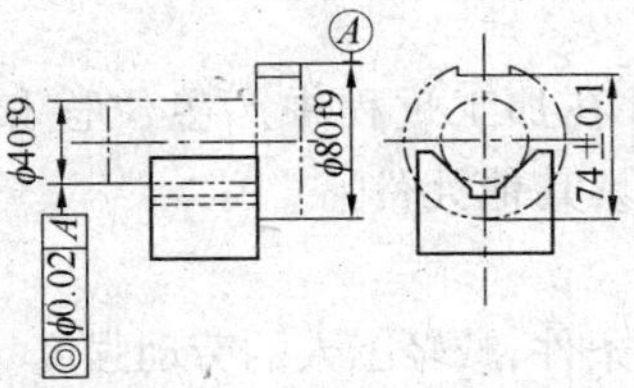				

典型夹紧机构工作原理

实验 10　夹紧原理实验

一、夹紧概述

在机械加工中,工件要受到切削力、工件重力、离心力或惯性力等的作用而发生位置变化或产生振动,改变了定位中的既定位置。因此,工件定位以后必须采用一定的装置把工件压紧夹牢在定位元件上,以保证加工精度和安全生产。这种把工件压紧夹牢的装置,即称为夹紧装置。

(一)夹紧的作用

夹紧和夹紧装置的主要任务是保持工件在定位元件的支承下获得正确位置,在切削力、自身重力、惯性力和离心力等外力作用下,不发生移动,确保加工质量和生产安全。

在组装夹具时,既要重视定位元件的组装,又要重视夹紧机构的组装。定位和夹紧是工件安装过程中的两个相互联系的动作。因此两者必须同时考虑。有的工件安装时,先定位取得正确位置,而后夹紧;有的工件安装时,定位和夹紧同时进行。

夹紧机构组装正确与否,不仅会影响工件的加工精度,而且也影响加工效率、安装和劳动条件的改善。

(二)对夹紧结构的基本要求

组装夹紧装置时,应满足下述要求:

1. 保证加工质量

夹紧时不应破坏工件定位所取得的正确位置,同时要避免工件产生变形,或压伤工件表面。

2. 提高劳动生产效率

组装夹紧结构,要力求夹紧动作迅速,缩短辅助时间。夹紧结构不能妨碍工件的装卸,或加长刀具的长度,造成刀具刚性不足,不能正常切削。

3. 使用安全可靠

组装夹紧结构的位置与夹紧力的大小要适当,既要防止夹紧力不足工件在加工过程中产生位移和引起振动,又要避免因夹紧结构位置不合适或夹紧力过大,压伤工件或损坏夹具其他元件。

4. 操作方便省力

组装的夹紧结构,应结构简单紧凑,具有足够的刚性,操作方便,能改善劳动条件,减轻工人的劳动强度。

(三)几种常用夹紧机构

夹具的夹紧机构,根据工件的生产批量与在该工序所占用机床的时间不同,设计相应的机构,通常分手动夹紧与动力夹紧等形式。组合夹具一般用于新品试制与中小批生产,在工序中夹紧速度不是主要的,常用手动夹紧,结构形式分斜楔、螺旋、与杠杆夹紧。

图 10-1 所示为常用的螺栓、螺母、压板夹紧结构,在工件外形尺寸较大时,压紧系统显得刚性不足。

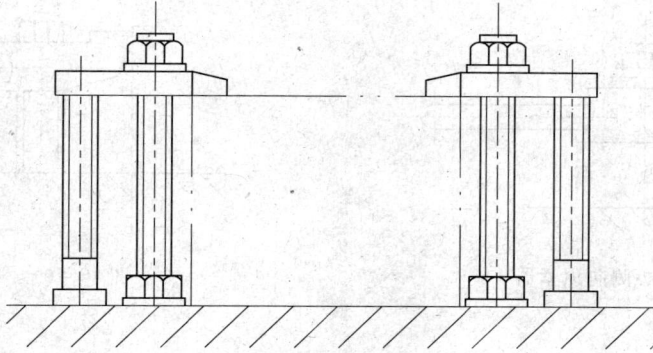

图 10-1 螺栓、螺母、压板夹紧结构

图 10-2 所示为通过压板支承接高来提高系统刚性。

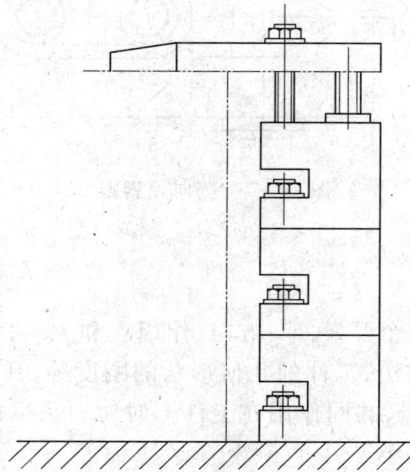

图 10-2 压板支承接高结构示意图

采用立式可调压紧器,如图 10-3 所示,利用偏心手柄夹紧工件,组装方便,装卸快速。

立式可调压紧器与压板只能从工件上面向下压紧工件,实现快速装卸,但有些工件须用上表面定位,由下往上夹紧,则应选用定位夹紧器见图 10-4 所示。

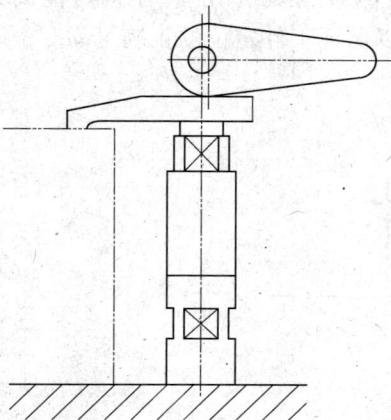

图 10-3 立式可调压紧器

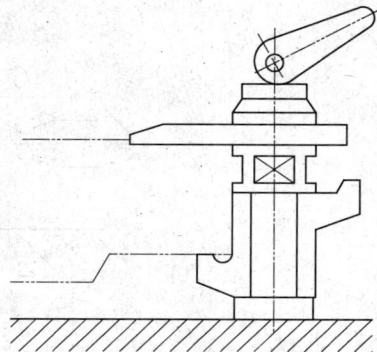

图 10-4 定位夹紧器

工件须侧面夹紧时,可采用偏心侧向顶紧器图10－5和斜向压紧器图10－6,侧向顶紧器图10－7等。

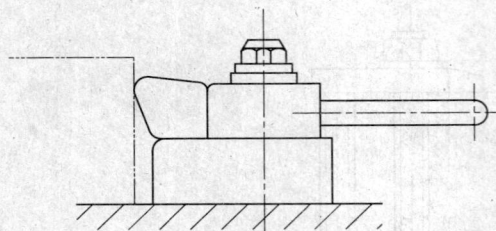

图10－5　偏心侧向顶紧器

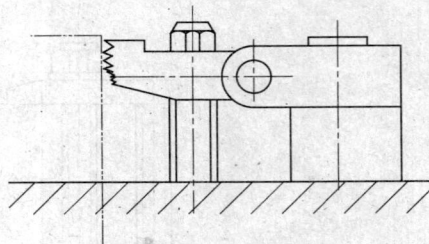

图10－6　斜向压紧器

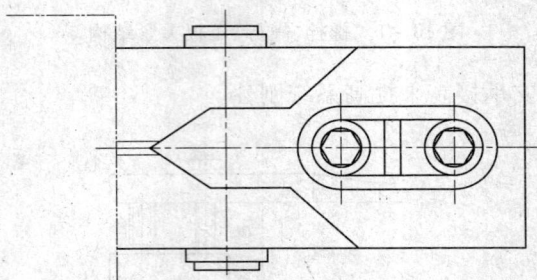

图10－7　侧向顶紧器

二、夹紧原理

夹紧就意味着力的作用,力有三个要素,即:方向、作用点和大小,为了正确地确定夹紧力的方向、作用点和大小,就要根据工件的定位方法,工件的几何形状的刚度等,具体地分析各种力［切削力(矩)、重力、支承反力、摩擦力(矩)和夹紧力］,共同作用在工件上时对力系平衡量为有利,对工件变形影响最小等来确定夹紧力的方向,作用点和大小。

(一)夹紧力的方向

在实际生产中,工件的安装方式各式各样,但对夹紧力作用方向的基本要求是一致的。

1. 夹紧力的方向应不破坏工件定位的准确性和可靠性。

夹紧力的方向应该垂直地指向夹具的主要定位面。如图10－8所示,当夹紧力 Q_1 作用于工件时,工件定位基准(底面)与定位面接触面积较大,使夹紧稳定。但在 Q_1 夹紧力作用下,工件可能离开侧面定位面,因此,应由夹紧力 Q_2 作用,使工件紧靠侧面定位支承点,以保证工件定位的正确可靠。

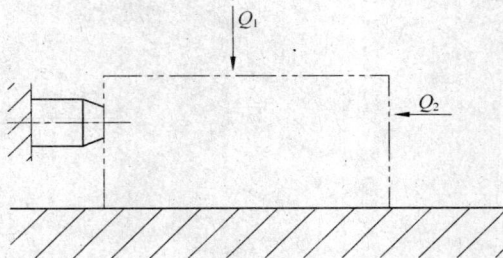

图10－8　夹紧力的方向

2. 夹紧力方向应使工件不会产生超出许可范围内的变形。

工件在各方向上刚度不同,与定位件接触面积大小也不同,使产生的变形也不同。夹紧力的方向。应选择工件刚度最大的方向,以减小工件的变形,如图 10-9(a)所示,表示薄壁工件在 V 形块上定位,径向夹紧,因工件径向刚度不足而引起较大的变形。10-9(b)图为衬套定位,轴向夹紧,因工件轴向刚度大,不易变形。

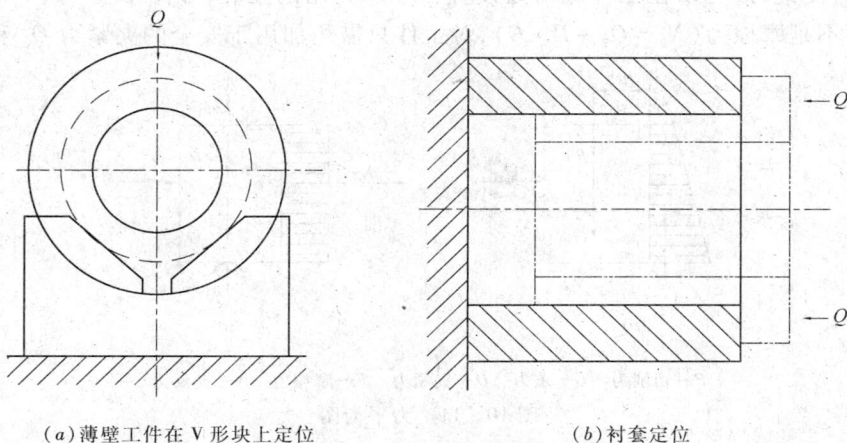

(a)薄壁工件在 V 形块上定位   (b)衬套定位

图 10-9   夹紧力方向

3. 夹紧力方向的确定,应使所需夹紧力尽可能小。

在加工时,工件受到切削力 P、重力 G、支反力的作用,有时还有离心力的惯性力的作用,这些力均由夹紧力 Q 来平衡。在保证夹紧可靠的条件下,减小所需的夹紧力可以减轻工人的劳动强度,减小工件的变形;可以使夹紧机构轻便紧凑。图 10-10 是夹紧力的方向与所需夹紧力大小的平衡图。(a)图夹紧力的方向与切削力 P、重力 G 的方向一致,夹紧力不是用来平衡 P 和 G,而是为了确保安全,只需稍加夹紧力就够了,所需的夹紧力最小。

(b)图中,因为夹紧力 Q 与 P、G 的方向相反,所需的夹紧力就必须满足 $Q \geqslant P + G$。

(c)、(d)图是依靠工件与夹紧接触面上由夹紧力所产生的摩擦力 F 平衡,特别是(d)图的情况,所需夹紧力最大,力的具体分析见图 10-11,根据力的平衡条件,可以求出 Q:

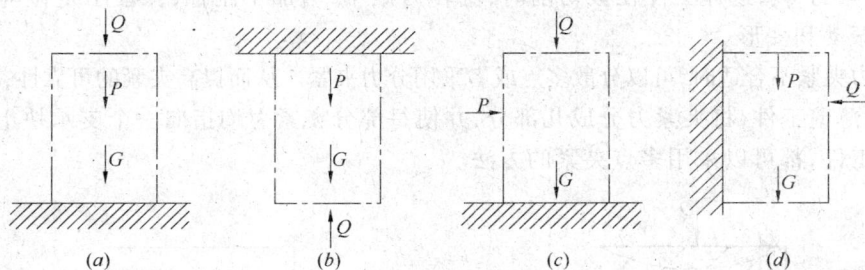

(a)   (b)   (c)   (d)

图 10-10   夹紧方向、作用点与夹紧力大小的关系

由力系的平衡图看出: $$F = P + G = fQ$$

即   侧支承反力 $$N = Q$$

所以 $$Q \geqslant \frac{P + G}{f}$$

式中 f——定位基准与定位表面的摩擦系数。若 $f = 0.1 \sim 0.15$,则 $Q \geqslant (6 \sim 10)(P + G)$,由此可知,

当用夹紧力所产生的摩擦力来平衡切削力和重力时,所需的夹紧力要大于二者之和的 6~10 倍。

F 与 $P+G$ 形成一力偶矩 $M=(P+G)\dfrac{B}{2}$,为达到合力偶矩 $\sum M=O$,必须有一力偶矩平衡此力偶矩,反力偶矩就是 $M'=Qh$,这就说明侧支承反力的合力 N 偏离 Q 力下方一段距离 h,也就是说侧支承面上的压力不是均布的,而是上小下大。距离 h 的大小随 B、Q、P、G 等数值不同而变化。

欲减小所需的夹紧力,可以在工件底面处设置一个承力用的元件,如图 10-11(b) 所示,$P+G$ 由支承反力 N_2 平衡而不是摩擦力($N_2=Q_2+P+G$),对工件只需稍加用于安全的夹紧力 Q_x 和 Q_2。

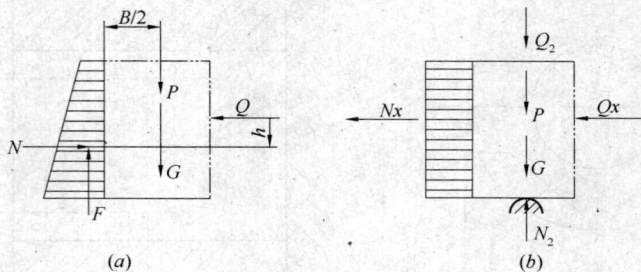

P—切削力 G—重力 Q—夹紧力 F—摩擦力 N—支反力

图 10-11   力平衡图

从以上的分析可知,定位方式相同,承力与夹紧方式不同,就会使工件的受力情况有很大的差异。承力元件的合理使用,对减小所需夹紧力起着重要的作用。增设承力元件时,要注意不影响工件的定位。

（二）夹紧力的作用点

夹紧力作用点是指夹紧件与工件接触的位置。选择作用点的问题是指夹紧力方向已确定的情况下,再定夹紧力作用点的位置和数目。确定夹紧力作用点应注意以下几点:

1. 保证工件定位正确不变,作用点应该处在定位基准与定位支承表面接触面积的范围内。

2. 选择工件刚度最好的部位为作用点。如图 10-12(a) 夹紧方向正确,但作用点位置刚度差,工件夹紧变形大。(b) 图作用点在工件刚度较好位置,夹紧工件稳定并变形小。

3. 夹紧力作用点应尽可能靠近被加工表面,以便减小切削力对工件造成的翻转力矩。必要时应在工件刚度差的位置增加辅助支承,并施夹紧力,以免振动和变形。图 10-13 所示,支承点 A 靠近被加工表面,同时给以夹紧力 Q_3,这样工件在被切削时,翻转力矩小,增加了刚性,保证了定位与夹紧的可靠性又减小了工件的振动和变形。

4. 采用集中力夹紧不合适时,可以分散多点或者采用分力夹紧。从而提高夹紧的可靠性,减小夹紧变形。

图 10-14 为薄壁工件,将夹紧力分成几部分,并使每部分夹紧力均指向一个支承块上。在加工较大的环形件或箱体工件,都可以采用多点夹紧的方法。

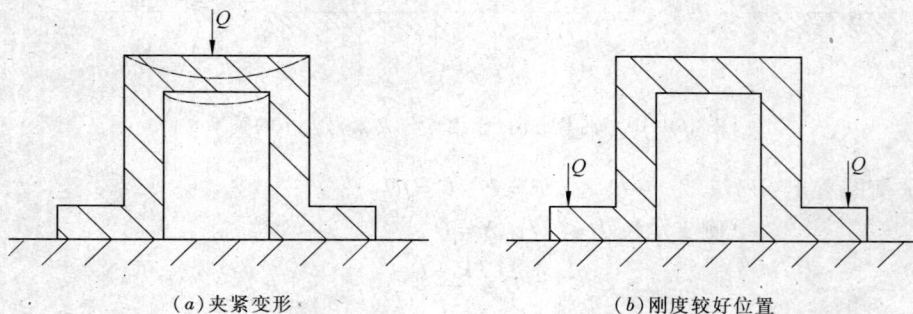

（a）夹紧变形   （b）刚度较好位置

图 10-12   夹紧力作用点

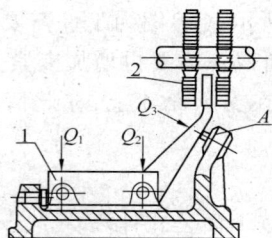

图 10 - 13 增加辅助支承施夹紧力

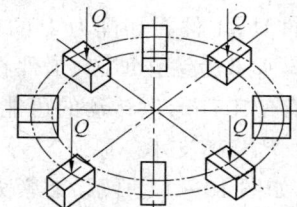

图 10 - 14 多点夹紧

（三）夹紧力的大小

工件在受切削过程中，必须有足够的夹紧力来平衡切削力，以保持工件正确的位置。为了使组装的夹具在满足使用要求的前提下，需用夹紧力最小，结构最简单，有必要从理论上对夹紧力进行定量分析，用于指导组装实践，提高组装技术水平。

计算夹紧力时，通常将夹具和工件看成一个刚性系统以简化计算。根据金属切削原理的公式求出切削力的大小，必要时算出惯性力、离心力的大小，较大工件还应考虑重力，然后与待求的夹紧力组成静平衡力系，计算出理论夹紧力，再乘以安全系数 K，作为实际所需的夹紧力 Q。

即：
$$Q = KQ'$$

Q'——夹紧力的理论计算数值；

K——为总安全系数；

$$K = K_1 K_2 K_3 K_4$$

式中：

K_1——基本安全系数。考虑工件的材料性质和加工余量不均匀等所引起的切削力变化增加夹紧的可靠性。一般取 $K_1 = 1.5 \sim 2$；

K_2——加工状态系数。粗加工取 $K_2 = 1.2$，精加工取 $K_2 = 1$；

K_3——刀具变钝系数。考虑刀具变钝切削力增大的影响。取 $K_3 = 1.1 \sim 1.3$；

K_4——断续切削系数。断续切削取 $K_4 = 1.2$，连续切削取 $K_4 = 1$。

如果只作粗略的计算，系数 K 可取下列数据：

用于精加工时，$K = 1.5 \sim 2.5$；

用于粗加工时，$K = 2.5 \sim 3$。

夹紧工件所需要作用力的大小与切削力的大小有关，也与切削力对支承的作用方向有关。下面是几种典型的情况：

1. 切削力 P 完全作用在支承上

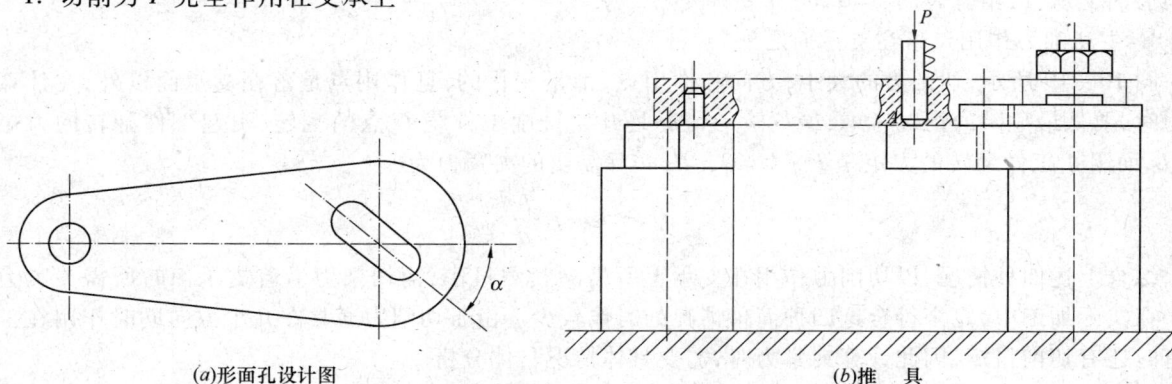

(a)形面孔设计图

(b)推 具

图 10 - 15 切削力 P 完全作用在支承上

在这情况下,可以不采用夹紧,或用很小的夹紧力。图 10 – 15 所示,(a)图为工件需要加工一个形面孔。(b)图为推具,工件在切削力 P 的作用下,压紧在支承面 A 上,所以不需要再增加夹紧力。

图 10 – 16 所示为钻孔加工,工件在钻削的轴向力 P 作用下,压在支承面 A 上,在此情况下工件还作用有扭矩 M,有使工件产生转动的可能,因此应加适当的夹紧力。

2. 切削力 P 背离支承

这种情况如图 10 – 17 所示,夹紧力方向与切削力相反,其大小按下面公式计算:

$$Q = K \cdot P$$

3. 切削力 P 沿支承面

图 10 – 18 所示,夹紧力与切削力垂直,因此是以夹紧力所产生的摩擦力来平衡切削力 P 的,Q 的大小可按下面公式计算:

$$Q = \frac{KP}{f_1 + f_2}$$

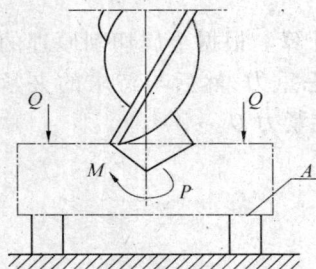

图 10 – 16　钻孔加工图

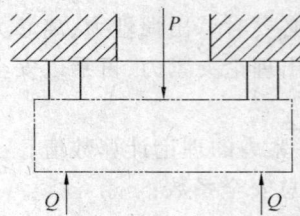

图 10 – 17　切削力 P 背离支承

式中:f_1——工件表面与支承面间的摩擦系数;

　　　f_2——工件表面与夹紧元件表面间的摩擦系数。

当夹紧元件在切削力方向上是活动的,或刚性不足时,工件有可能连同夹紧元件一同移动,工件表面和夹紧元件表面间的摩擦力起不到阻止工件移动的作用。夹紧力应按下式计算:

$$Q = \frac{KP}{f_1}$$

摩擦系数主要取决于工件和支承块接触的状况。工件与支承块及夹紧元件接触的表面为已加工表面时,一般摩擦系数可按下列数据选取:

组合夹具基础板,支承件光滑表面 $f = 0.1 \sim 0.2$;

开有细小钩槽的支承件表面 $f = 0.3 \sim 0.4$;

齿面支承钉,帽等表面 $f = 0.7 \sim 0.8$。

4. 主切削力作用点落在支承面之外

图 10 – 19 所示,切削力的大小,方向和作用点,都是变化的,且作用点是落在支承面以外,在计算夹紧时,要从最危险的情况考虑,最危险的情况是开始铣削工件绕 O 点的翻转,引起工件翻转的力矩是 $F \cdot L$,而阻止工件翻转的力矩是 $F \cdot L = Q \cdot H$,实际需要的夹紧力为:

$$Q = K \cdot F \frac{L}{H}$$

综合上述四种情况,以切削力作用在支承上所需夹紧力最小,而切削力沿着支承面时所需夹紧力最大。在实际加工中,完全符合这四种简单情况的时候较少。由于切削力通常在几个方向同时作用在工件上有时还有切削扭矩,因此计算夹紧力时,需要具体情况具体分析。

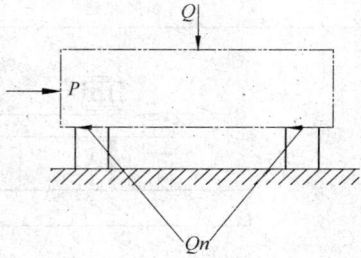

图 10 - 18　夹紧力与切削力垂直　　　　图 10 - 19　切削力的大小,方向和作用点变化

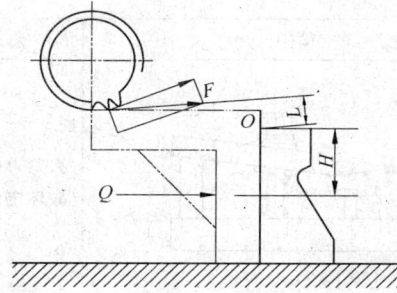

(四)夹紧力方向和作用点的选择实验(见以下实验)

三、实验目的

1. 主要夹紧力应朝向主要定位基准或双导向基准,作用点应靠近支承面的几何中心;
2. 夹紧力的方向应有利于减小夹紧力;
3. 夹紧力的方向和作用点应施与工件刚性较好的方向和部位;
4. 夹紧力的作用点应适当靠近加工表面。

四、实验设备

如表 10 - 1 图示工件、定位元件、夹紧机构、平台等,常见夹紧力的作用点和作用方向。

五、实验步骤

1. 将工件和定位元件按简图示意组合;
2. 对工件施加夹紧力;
3. 观察夹紧后工件的变化,做好原始记录;
4. 填写实验报告,将分析结果填到表中空格内。

表 10 - 1　　　　　　　　　常见夹紧力的作用点和作用方向

简图	夹紧方案是否合理原因	如何改进
	工序要求孔中心与侧面垂直,定位合理	不需改进
	夹紧力的作用点超出支承范围,破坏定位,不合理	

（续表）

简图	夹紧方案是否合理原因	如何改进
	夹紧力的作用点超出支承范围，破坏定位，不合理	

六、几种切削力的计算分析

（一）车削

图 10 - 20 所示用三爪卡盘夹紧工件，每个卡爪上的夹紧力 Q'。夹紧力的作用主要是防止工件在切削力矩的作用下发生转动和在轴向切削力 P_x 作用下发生轴向移动。在切削表面上使工件转动和轴向移动的合力为：

$$R = \sqrt{P_z^2 + P_X^2}$$

式中 $P_x = 0.25P_z$，则 $R = 1.03P_z = P_z$

近似求出：

$$Q' = \frac{R}{nf} = \frac{P_z}{nf}$$

式中：f——卡爪与工件间的摩擦系数；

n——卡爪数。

每个卡爪实际所需的夹紧力为：

$$Q_{实} = KQ' = K\frac{P_z}{nf}$$

其中 K 可以 $1.5 \sim 3$ 范围内选取。也可参考被加工面的距离 L 与直径 ϕd 的比值选取：

$$\frac{L}{d} = 0.5、1.0、1.5、2 \qquad K = 1、1.5、2.5、3$$

（二）钻削

图 10 - 21 所示，切削力 P 垂直作用在支承面上，在此情况下，切削力 P 可以不加夹紧力进行平衡，但切削力矩 $M_切$ 需用夹紧力所产生的摩擦力矩来平衡。

其值 $QfL = KM_切$

则
$$Q = \frac{KM_切}{fL}$$

式中：f——定位基准与定位件表面间的摩擦系数；

K——总安全系数。

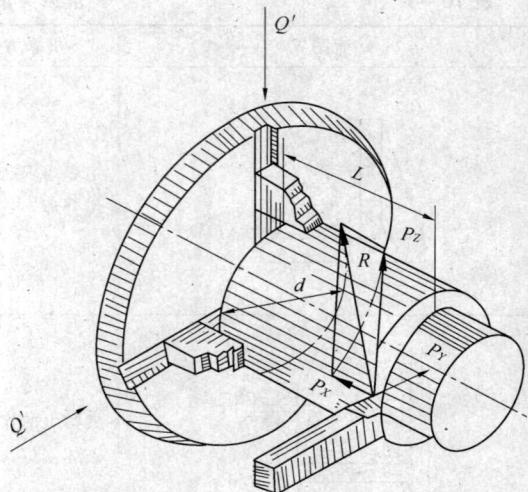

图 10 - 20 计算车削夹紧力简图

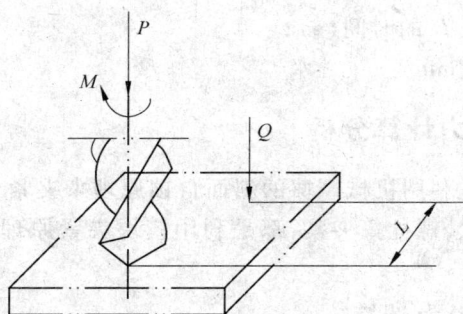

图 10 − 21   钻削夹紧力的计算简图

（三）铣削

图 10 − 22 所示为铣削平面，切削过程中切削力的方向、作用点和大小都是变化的，应按最危险情况考虑。切削时工件有绕 O 点向上翻转的趋势。使工件翻转的力矩是 PL，而阻止工件翻转是侧面支承面 A、B 上的摩擦力矩 $N_afL_1 + N_bfL_2$（不计压板工作面上的摩擦阻力）。

$$(L_1 + L_2)f \cdot \frac{Q}{2} = KPL$$

则压板所需的夹紧力为：

$$Q = \frac{2KPL}{f(L_1 + L_2)}$$

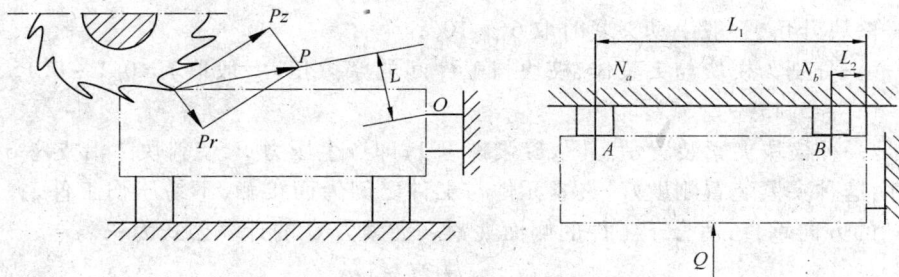

图 10 − 22   铣削时夹紧力的计算简图

以上几个例子中，只是考虑了切削力的作用，对于重型、大型工件，当重力背离支承或沿着支承面时，还需考虑重力的作用。对车削和龙门刨刨削等工件作高速旋转或换向运动的切削加工，还需要考虑惯性力的作用，特别是高速精加工，惯性力可能超过切削力。车削时，惯性力的产生是由于工件重心偏离其旋转中心，此时惯性力按离心力公式计算：

$$Pg \cong 0.01Ge\frac{n^2}{g}(\text{N})$$

对于作直线运动的工件（刨削时）惯心力的产生是由于往复运动时变换方向。若近似地将换向看成是等减速等加速过程，则惯性力为：

$$Pg \cong \frac{U}{60t} \cdot \frac{G}{g}(\text{N})$$

G——工件重量（N）；

g——重力加速度 $9.8(\text{m/s}^2)$；

e——工件重心离旋转中心的距离（m）；

n——工件转速($n/\min$);

t——往复运动速度从 O 变至 U 的时间(s);

U——工件直线运动速度($m/\min$)。

七、典型夹紧机构的夹紧力计算分析

在夹具机构中,绝大多数都是利用机械摩擦的斜面自锁原理来夹紧工件,在斜面夹紧机构中,最基本的形式是楔块,其他几种如偏心轮,螺栓等夹紧,都是利用楔块夹紧原理的不同形式,这里先分析楔块的夹紧规律。

(一)楔块夹紧机构的夹紧力计算

图 10-23 所示,当楔块受原始力 P 的作用时,就向小头方向移动,产生夹紧力直接夹紧工件,或通过滑柱,摇臂等构件间接夹紧工件。在原始力 P 的作用下,楔块受到的力有:工件对它的反作用力 Q(大小等于夹紧力)和摩擦力 F_2;夹具体对它的反作用力 N 和摩擦力 F_1。N 和 F_1 的合力为 R_1,再将 R_1 分解为垂直分力 R 和水平分力 R_x,根据静力平衡条件得:

$$R = Q \qquad P = R_x + F_2$$

因为

$$R_x = R\mathrm{tg}(\alpha + \phi_1) = Q\mathrm{tg}(\alpha + \phi_1) \qquad F_2 = Q\mathrm{tg}\phi_2$$

代入上式得:

$$Q = \frac{P}{\mathrm{tg}(\alpha + \phi_1) + \mathrm{tg}\phi_2}$$

式中:P——原始力;

Q——夹紧力的反作用力;

α——楔块升角,一般手动夹紧时取 $6° \sim 10°$;

$\phi_1\phi_2$——分别为楔块与夹具体,楔块与工件间的摩擦角,一般取 $f = 0.1 \sim 0.15$,所以 ϕ_1 和 ϕ_2 $\approx 5°43'' \sim 8°33'$。

图 10-24 是一种楔块夹紧装置示意图,旋紧螺母 1,即产生压力 P,使斜块 2 沿支座 3 的斜面向左下方滑动压紧工件,这种夹紧装置刚度好,夹紧元件与工件之间为面接触,不易压伤工件,夹紧力 Q 的方向与螺母压紧力 P 的方向垂直,适合于工件的侧面夹紧。夹紧力 Q 的计算公式为:

$$Q = \frac{f^2\mathrm{tg}\alpha + 2f - \mathrm{tg}\alpha}{f^2 + 2f\mathrm{tg}\alpha - 1}P$$

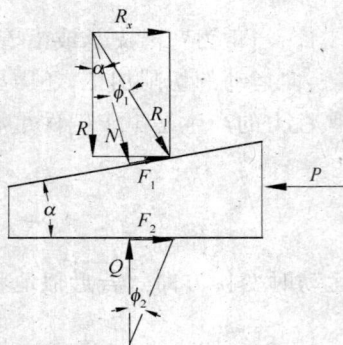

图 10-23 斜楔受力分析

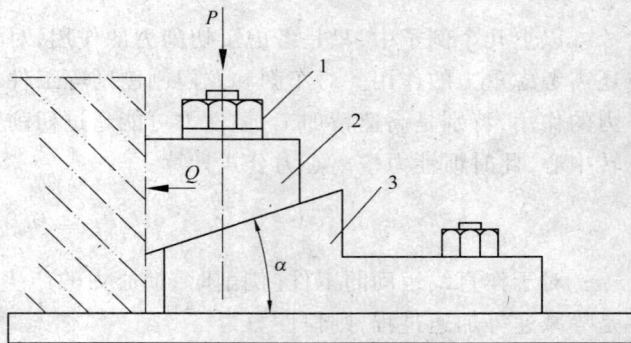

图 10-24 楔块夹紧装置

式中:α——斜面与夹紧力方向的夹角;

f——各滑动面间的摩擦系数。

当 $f = 0.2$ 时,

上式可简化为：

$$Q = \frac{\text{tg}\alpha - 0.4}{1 - 0.4\text{tg}\alpha}P$$

(二)螺旋夹紧力的计算分析

由于螺旋升角的存在,可将螺纹的受力近似看成楔块来分析,螺旋面相当楔块的斜面,螺钉、螺母的夹紧端面当作楔块的底平面。

图 10 - 25 所示,根据斜楔夹紧的原理推算,当原始力 P 作用于臂长为 L 的扳手一端时,产生原始力矩 $M = PL$,在螺旋面产生一个反力矩 M_σ,在螺钉或螺母的夹紧端面上同时也产生一个反摩擦力矩 M_F。

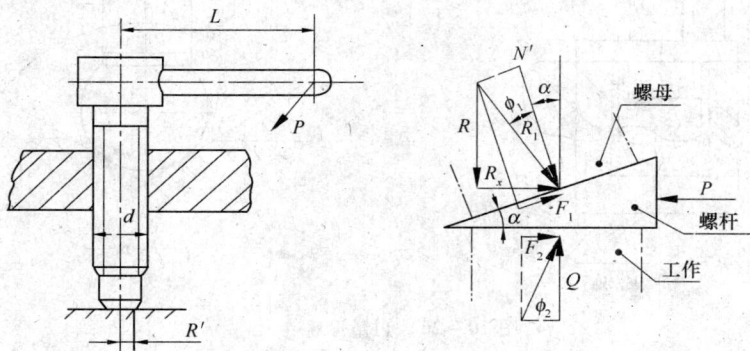

图 10 - 25　螺旋的受力分析

根据力的平衡条件：
$$M = M_o + M_F$$

式中：M_σ——作用在螺纹中径处螺旋面上的反作用力矩,$M_\sigma = R_x \dfrac{d_2}{2}$,$R_x$ 相当于作用在螺旋面中径处的摩擦力 F_1 与正压力 N 之合力 R_1 的水平分力。

$$R_x = R\text{tg}(\alpha + \phi_1)$$
$$\because R = Q$$
$$\therefore R_x = Q\text{tg}(\alpha + \phi_1)$$

M_F——螺钉,螺母夹紧端与工件或压块间的反摩擦力矩 $M_F = F_2 R'$。F_2 为被夹紧表面上的摩擦力,$F_2 = Q\text{tg}\phi_2$。R' 为反摩擦力矩的当量摩擦半径,它决定于两摩擦表面的接触形式,见图 10 - 26 所示：

将以上各项代入上式,化简后得螺旋夹紧力的计算公式为：

$$Q = \frac{PL}{\dfrac{d_2}{2}\text{tg}(\alpha + \varphi_1) + R'\text{tg}\varphi_2}$$

式中 Q——螺旋的夹紧力；

P——扳手上的原始作用力；

L——扳手的臂长；

d_2——螺纹的中径；

α——螺旋升角,一般 $\alpha = 2° \sim 4°$；

ϕ_1——螺旋面上的摩擦角,一般 $\phi_1 = 6° \sim 8°32'$；

ϕ_2——被夹紧表面上的摩擦角,一般 ϕ_2 是在 $6° \sim 8°32'$ 之间。

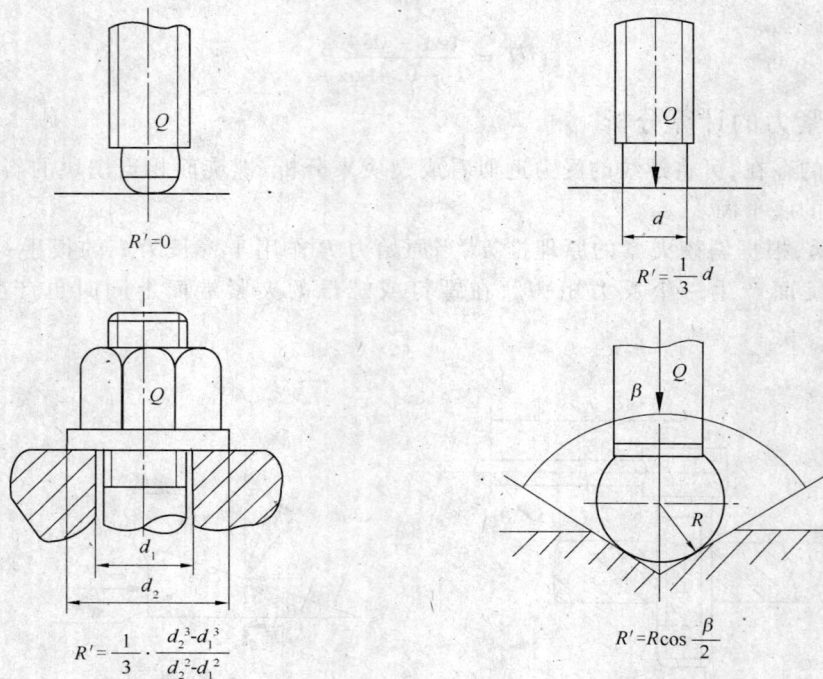

$$R' = 0$$

$$R' = \frac{1}{3}d$$

$$R' = \frac{1}{3} \cdot \frac{d_2^3 - d_1^3}{d_2^2 - d_1^2}$$

$$R' = R\cos\frac{\beta}{2}$$

图 10 - 26　当量摩擦半径

从螺旋夹紧力的计算公式可见,单纯增大螺旋直径,Q 值反而减小,当要求夹紧力大时,从强度和刚度考虑,应选适当的直径,但必须相应地加大臂的长度方能获得较大的夹紧力 Q。

有时应用螺旋夹紧工件,并不是希望获得较大的夹紧力,为了防止出现过大的夹紧力,应采用较小的力臂,如星形螺帽,滚花螺帽等,以限制扭矩 $M = PL$ 的值。

(三)圆偏心轮夹紧力的计算分析

设圆偏心直径为 D,偏心距为 e,由于圆偏心轮的几何中心 O_1 与回转中心 O 不重合,当操纵手柄顺时针方向转动偏心轮时,则回转半径不断增大,轮上的圆柱面便接近工件而实现夹紧。由图 10 - 27 所示,它是利用弧形楔块来工作的,当 O_1 点从最高位置转到最低位置时,其最大夹紧行程 $S = 2e$。与平面楔块比较,主要特点是圆柱面上各接触点的升角 α 不是一个常数。当回转角度为 0°时,m 点处的升角 $\alpha_m = 0$,回转角度为 90°时,升角靠近最大值,回转角度继续增大,升角随着减小。

从理论上讲,圆偏心轮下半部圆柱面上任何一点都用来夹紧,从 m 点到 n 点,相当于偏心轮转到 180°,实际上为防止松夹与咬死,常取圆周上的 $(\frac{1}{6} \sim \frac{1}{3})$ 圆弧,即相当于圆偏心轮转角 60°～120°所对应的弧段。

由于圆偏心轮夹紧是楔块夹紧的一种转化,故可以按楔块的受力来分析计算。圆偏心轮工作时,相对于臂长为 L 和 P 的杠杆机构推动假想楔块向左楔进。如图 10 - 28 所示分析:

$$PL = P'l \quad 则:P' = \frac{PL}{l}$$

P' 的水平分力 $T = P'\cos\alpha$ 即为作用于楔块上的推力,按照楔块受力的计算公式得夹紧力 Q 为:

$$Q = \frac{T}{\text{tg}(\alpha + \phi_1) + \text{tg}\phi_2} = \frac{P'\cos\alpha}{\text{tg}(\alpha + \phi_1) + \text{tg}\phi_2}$$

由于 α 不大,$\cos\alpha \approx 1$,并以 $P' = \frac{PL}{l}$ 代入,

则：
$$Q = \frac{P \cdot L}{l\left[\,\text{tg}(\alpha + \phi_1) + \text{tg}\phi_2\,\right]}$$

偏心轮夹紧与螺旋夹紧比较，它的夹紧力小得多，夹紧行程也小，因此，这种夹紧机构只适用于切削力不大，振动较小的情况。它的优点是结构简单，紧凑，夹紧动作快。

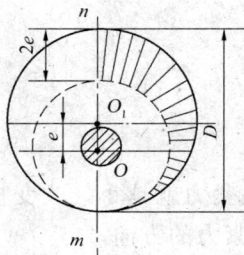

图 10-27 圆偏心轮结构   图 10-28 计算圆偏心轮夹紧力示意图

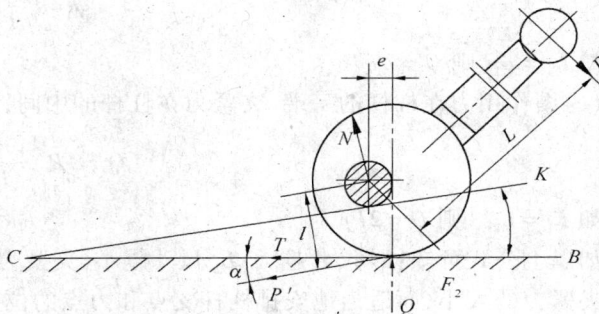

（四）螺旋压板夹紧力的计算分析

螺旋压板夹紧机构是用螺旋斜楔与杠杆压板组合构成的一种夹紧装置，它的特点是可以将原始夹紧力增大或缩小，实现夹紧的灵活配置。

图 10-29 所示为组合夹具中常用的三种螺旋压板夹紧及其受力简图。

视压板为杠杆：

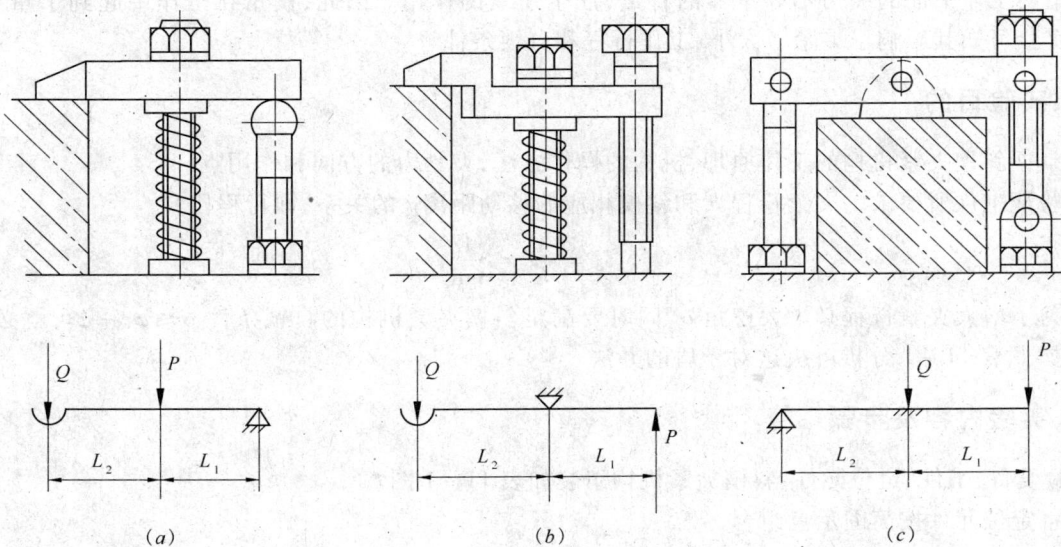

(a)   (b)   (c)

P—作用力 Q—夹紧力

图 10-29 螺旋压板夹紧结构

（a）图作用力在杠杆中间，夹紧力在杠杆的一端，根据杠杆的力学性能可知为减力结构，夹紧力 Q 可以根据螺旋的作用力 P 乘以相应的杠杆比求出。

$$Q = P\frac{L_1}{L_1 + L_2}f$$

如 $L_1 = L_2$,则

$$Q = \frac{P}{2} \cdot f$$

f——支点摩擦系数,一般取 $f = 0.95$

(b)图作用力在杠杆的一端,夹紧力在另一端,则:

$$Q = P \frac{L_1}{L_2} f$$

如 $L_1 = L_2$,则 $Q = Pf$

(c)图作用力在杠杆的一端,夹紧力在杠杆的中间,则:

$$Q = P \frac{L_1 + L_2}{L_2} f$$

如 $L_1 = L_2$ 则 $Q = 2Pf$

如以上公式可知: L_1 尺寸越大, L_2 尺寸越小,夹紧力就越大,相反则夹紧力就越小。改变杠杆比就可改变夹紧力的大小,而适当地安排杠杆支点和力点的位置,则可以改变夹紧力的方向。

螺旋压板夹紧装置,具有结构简单,灵活性大和适应性强等优点,是组合夹具中最常用的一种夹紧方式。

实验 11　斜楔夹紧机构应用实验

一、实验原理

利用两工作平面的夹角不等于零的特点,产生楔紧的作用。因此,楔角在工作中起到了重要作用。从上述实验可知其影响了夹紧力大小、工作行程和自锁条件。

二、实验目的

1. 掌握斜楔夹紧机构的工作原理,机构的操作方法,夹紧力的方向和作用点。

2. 验证工件所要求的夹紧行程 h 和斜楔相应的移动距离 s 的关系,即行程比:

$$i_s = \frac{s}{h} = \frac{1}{\text{tg}\alpha}$$

3. 为了增大夹紧行程必增大楔角 α ,同时要满足斜楔夹紧机构的自锁条件 $\alpha \leqslant \varphi_1 + \varphi_2$,就必须减小楔角 α ,参照表 11-1 分析解决这对矛盾的办法。

三、实验内容及步骤

实验设备:工件、定位元件、斜楔夹紧机构组装如表 11-1 图。

1. 将定位元件按简图示意组合;

2. 安放工件定位;

3. 采用斜楔对工件夹紧,观察楔角 α 对夹紧行程和自锁条件的影响,作好原始记录;

4. 实验完毕,应用汽油将定位元件、工件洗净,用干净软布擦干,涂上防蚀剂,装入盒内收藏;

5. 填写实验报告,将分析结果填到表 11-1 中空格内。

表 11 - 1　　　　　　　　　　斜楔夹紧机构受力分析练习

简图	满足自锁条件 α、α₁ 的范围	受力简图及分析
	$\alpha \leqslant \varphi_1 + \varphi_2$ φ_1：斜楔上表面摩擦角 φ_2：斜楔下表面摩擦角	
	$\alpha_1 \leqslant \varphi_1 + \varphi_2$ φ_1：斜楔上表面摩擦角 φ_2：斜楔下表面摩擦角	

实验 12　螺旋夹紧机构应用实验

一、实验原理

由于螺旋升角的存在,可将螺纹的受力近似看成楔块来分析,螺旋面相当楔块的斜面,螺钉、螺母的夹紧端面当作楔块的底平面。

二、实验目的

1. 掌握螺旋夹紧是斜楔夹紧的一种结构变形,具有自锁性能好的特点;
2. 螺旋—压板夹紧机构克服螺旋夹紧辅助时间较长的缺点;
3. 掌握典型螺旋压板夹紧机构的使用方法。

三、实验内容及步骤

1. 操作各夹紧机构将工件夹紧;
2. 操作各夹紧机构将工件松开;
3. 观察各作用力之间的关系,做好记录;
4. 填写实验报告,将分析结果填到表中空格内。

表 12 - 1　　　　　　　　　　螺旋压板施力方式

简图	施力示意图	夹紧力及分析
		$Q = \dfrac{Pl}{L}$ $Q < P$ 当 $l = \dfrac{1}{2}L$ $Q = \dfrac{1}{2}P$

（续表）

简图	施力示意图	夹紧力
		$Q = \dfrac{Pl}{L-l}$ 当 $l > \dfrac{1}{2}L$ $Q > P$ 当 $l = \dfrac{1}{2}L$ $Q = P$
		$Q = \dfrac{PL}{L-l}$ $Q > P$ 当 $l = \dfrac{1}{2}L$ $Q = 2P$

实验 13　圆偏心夹紧机构应用实验

一、实验原理

如图 13-1(a) 所示的圆偏心轮，其直径为 D，偏心距为 e，如将偏心线 OC 延长，则圆偏心轮实际上相当于由两个套在"基圆"上的弧形楔所构成。此基圆的直径为 $(D-2e)$，如果把手柄装在上半部，则就用下半部的弧形楔来工作。由于转轴中心 O 至圆偏心轮工作面上各点的距离是不相等的，故当顺时针方向转动手柄时，就相当于此弧形楔卡紧在转轴和工件受压表面之间而产生夹紧作用。

圆偏心轮实际上是斜楔的一种变形，与平面斜楔相比，主要特点是其工作表面上各夹紧点的升角不是一个常数，它随偏心转角 ϕ 的改变而发生很大的变化。

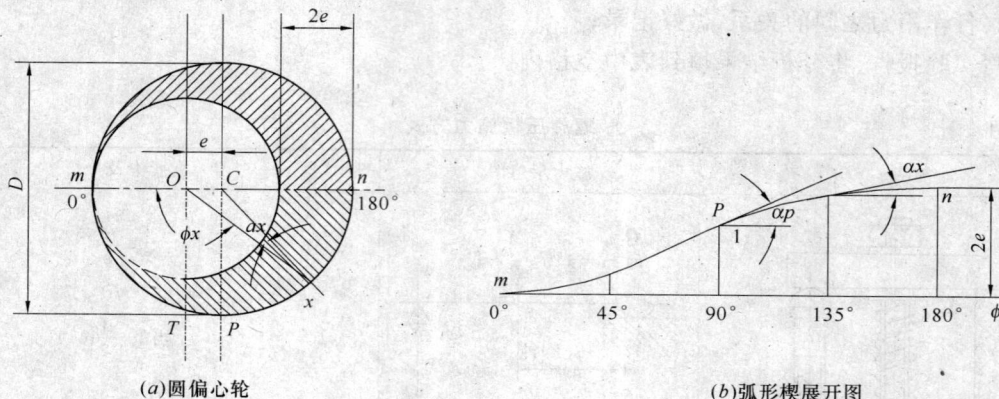

(a)圆偏心轮　　　　　　　　　　(b)弧形楔展开图

图 13-1　圆偏心轮工作原理

圆偏心轮任意夹紧点的升角,是指由工件的受压表面与旋转半径的法线所形成的夹角,由几何关系可知,也即由转轴中心 O 点和圆偏心几何中心 C 点,分别和夹紧点的连线所形成的夹角。如以圆偏心轮的基圆圆周长的一半为横坐标,相应的行程为纵坐标,将弧形楔展开,则得如图 13-1(b)所示的曲线斜楔。曲线 mpn 上任意点的切线和水平线的夹角即为该点的升角。设为任意夹紧点 x 的升角,其值可由任意三角形 ΔOxC 中(图 a)求得:

因

$$\frac{\sin\alpha_x}{e} = \frac{\sin(180° - \phi_x)}{\dfrac{D}{2}}$$

故

$$\sin\alpha_x = \frac{2e}{D}\sin\phi_x$$

式中转角 ϕ_x 的变化范围为 $0° \leq \phi_x \leq 180°$,由上式可知:当 $\phi = 0°$ 时,m 点的升角最小,即 $\alpha_m = 0$。随着转角 ϕ_x 的增大,升角 α_x 也增大,当 $\phi_x = 90°$ 时升角为最大值,即 T 点的升角 α_T 为最大值,此时

$$\sin\alpha_T = \sin\alpha_{\max} = \frac{2e}{D}$$

或

$$\alpha_T = \alpha_{\max} = \sin^{-1}\frac{2e}{D}$$

当 ϕ_x 角大于 $90°$ 时,α_x 将随着 ϕ_x 角的增大而减小,$\phi = 180°$ 时,n 点处的升角又为最小值,即 $\alpha_n = 0$。

圆偏心轮的这一特性很重要,因为它与工作段的选择、自锁条件、夹紧力计算以及主要结构尺寸的确定等关系极大。

二、实验目的

1. 选择圆偏心工作段。从理论上说,圆偏心轮下半部整个轮廓曲线上的任何一点都可以用来夹紧工件。从 m 点到 n 点,相当于偏心轮转过 $180°$,夹紧的总行程为 $2e$。但实际上为防止松夹和咬死,常取圆周上的 $1/6 \sim 1/4$ 圆弧,分析取那部分最合适;

2. 推导在满足自锁条件 $\alpha \leq \varphi_1 + \varphi_2$ 时的圆偏心轮外径和偏心距的关系;

3. 掌握典型圆偏心夹紧机构特点和使用方法并应用在振动小的条件下;

三、实验内容及步骤:

1. 操作圆偏心轮夹紧机构将工件夹紧;

2. 操作圆偏心轮夹紧机构将工件松开;

3. 选择圆偏心工作段,做好记录;

4. 推倒在满足自锁条件 $\alpha \leq \varphi_1 + \varphi_2$ 时的圆偏心轮外径和偏心距的关系,做好记录;

5. 填写实验报告,将分析结果填到表 13-1 中空格内。

表 13-1　　　　　　　　　　　　　圆偏心轮夹紧机构练习

简图	圆偏心工作段	满足自锁条件时的圆偏心轮外径和偏心距的关系	圆偏心夹紧机构应用范围

实验 14　工件夹紧方案确定实验

一、实验原理

主要夹紧力应朝向主要定位基准,作用点应靠近支承面的几何中心;夹紧力的方向应有利于减小夹紧力;夹紧力的方向和作用点应施与工件刚性较好的方向和部位;夹紧力的作用点应适当靠近加工表面。

二、实验目的

1. 掌握几种典型夹紧机构的使用方法、夹紧特点和应用条件;
2. 学会查阅机床夹具设计手册选择适合工件夹紧要求的夹紧机构;
3. 装配一套螺旋压板结构。

三、实验内容及步骤

实验设备:如图示工件、定位元件、夹紧机构、平台等
1. 将工件和定位元件按简图示意组合;
2. 对工件施加夹紧力;
3. 观察夹紧后工件的变化,做好原始记录;
4. 填写实验报告,将改进结果填到表 14－1 中空格内;
5. 组装夹紧一套螺旋压板结构合理夹紧工件。

表 14－1　　　　　　　　　　　　常见夹紧方案的合理性分析

简图	夹紧方案是否合理原因	如何改进
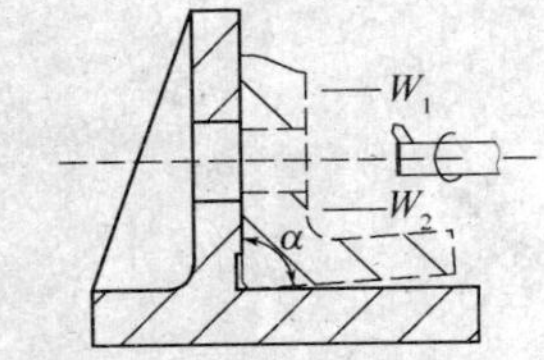	工序要求孔中心与垂直侧面,定位合理	不需改进
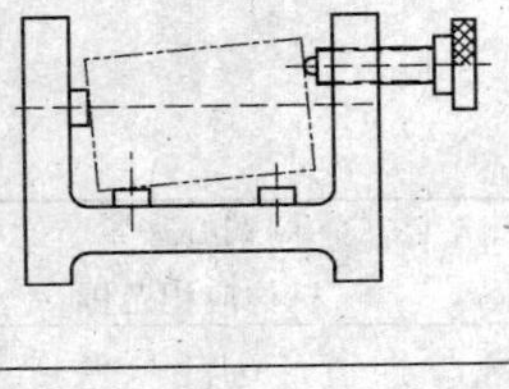	夹紧力的作用点超出支承范围,破坏定位,不合理	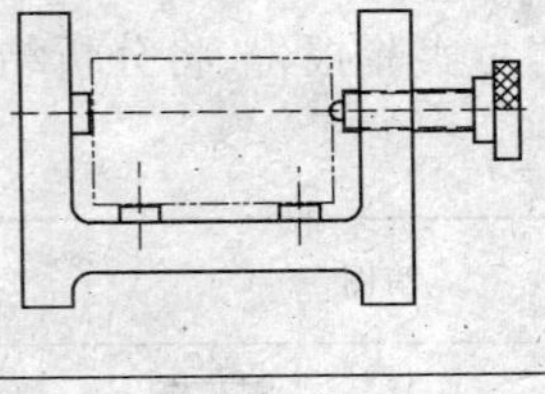
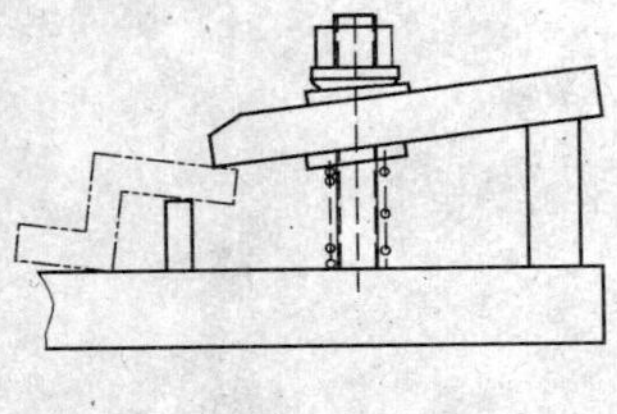	夹紧力的作用点超出支承范围,破坏定位,不合理	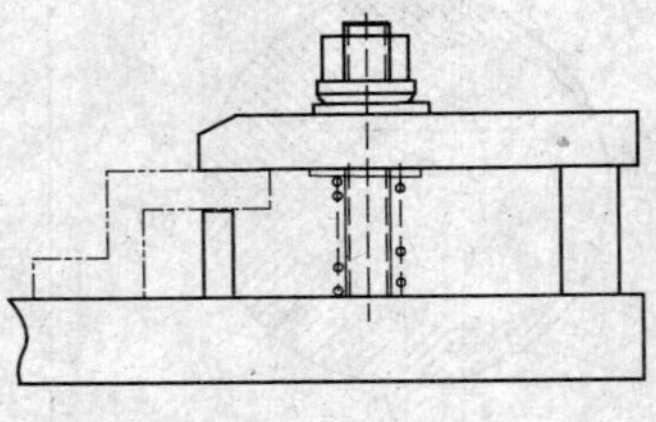

简图	夹紧方案是否合理原因	如何改进
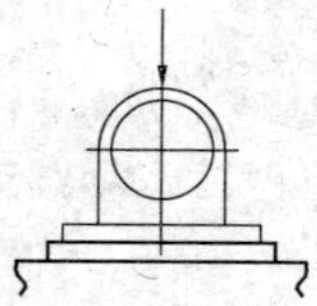	分析夹紧力的方向和作用点是否合理	改进方案
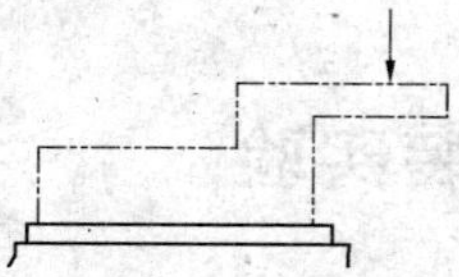	分析夹紧力的方向和作用点是否合理	改进方案
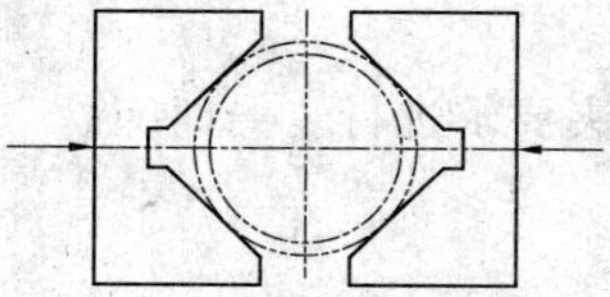	分析夹紧力的方向和作用点是否合理	改进方案

工件在通用夹具上的安装

实验 15　工件在车床三爪卡盘上的安装实验

一、实验目的：

1. 利用普通车床的常用定位、夹紧装置如：三爪卡盘对不同的零件装夹要求进行装夹训练；
2. 熟练操作各种装夹的操作过程及能达到的安装精度。

二、实验内容及要求

实训设备：三爪卡盘、扳手、圆柱形工件、百分表、磁力表座、铜皮。三爪卡盘安装工件，见表 15 - 1 所示。

1. 训练"正三爪"安装工件的方法；
2. 训练"反三爪"安装工件的方法；
3. 训练偏心零件的安装方法；
4. 训练杠杆百分表的找正方法。

三、实验步骤及成绩评定

根据表 15 - 1 操作步骤及规定时间进行考核。

表 15 - 1　　　　　　　　　正、反三爪安装训练项目表

项目	简图	操作步骤及规定时间
1. 正三爪安装工件	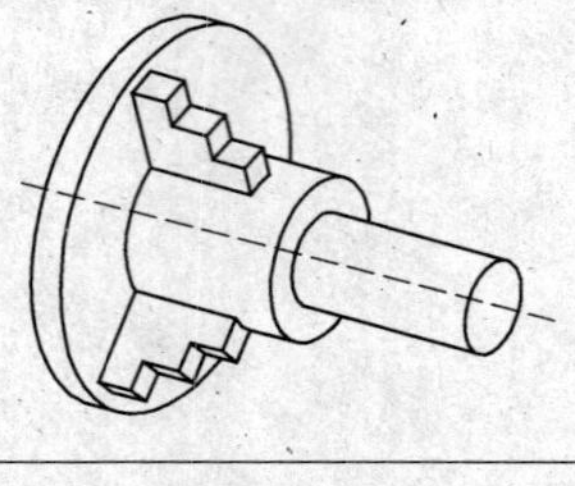	①安装工件 ②调头安装工件 全部时间 30″
2. 反三爪安装工件	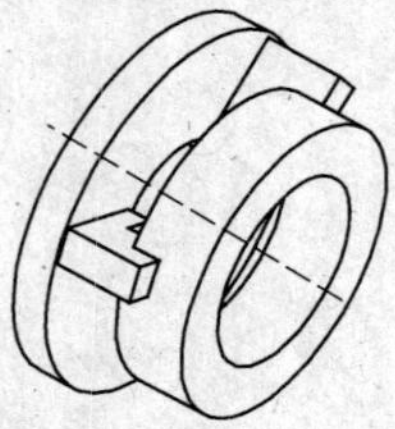	①正爪安装工件 ②翻转、安装、调整三爪 ③反爪安装工件 全部时间 10′

（续表）

项目	简图	操作步骤及规定时间
3. 偏心零件的安装	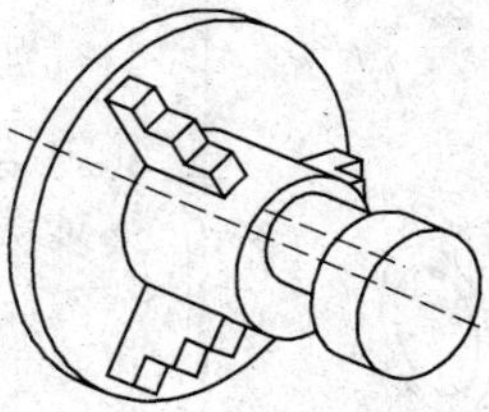	①计算加垫厚度 ②找正偏心部位 0.01mm 全部时间 10′

实验 16　工件在车床四爪卡盘上的安装实验

一、实验目的

1. 利用普通车床的常用定位、夹紧装置如：四爪卡盘对不同的零件装夹要求进行装夹训练；
2. 熟练操作各种装夹的操作过程及能达到的安装精度。

二、实验内容及要求

实训设备：四爪卡盘、扳手、圆柱形工件、百分表、磁力表座、铜皮。见表 16 - 1 所示。

1. 训练"四爪"安装工件的方法；
2. 训练"调头"安装工件的方法；
3. 训练偏心零件的安装方法；
4. 训练杠杆百分表的找正方法；
5. 训练四爪定心的方法。

三、实验步骤及成绩评定

根据表 16 - 1 操作步骤及规定时间进行考核。

表 16 - 1　　　　　　　　　　　　"四爪"安装工件训练项目表

项目	简图	操作步骤及规定时间
四爪安装工件	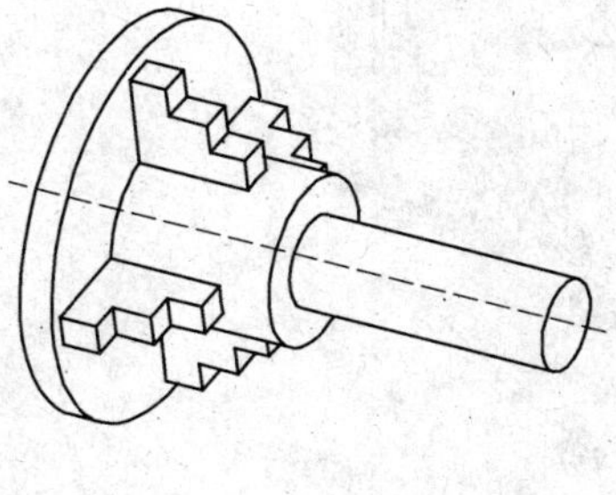	安装工件找正外圆跳动不大于 0.02mm 规定时间 5′

（续表）

项目	简图	操作步骤及规定时间
工件调头安装	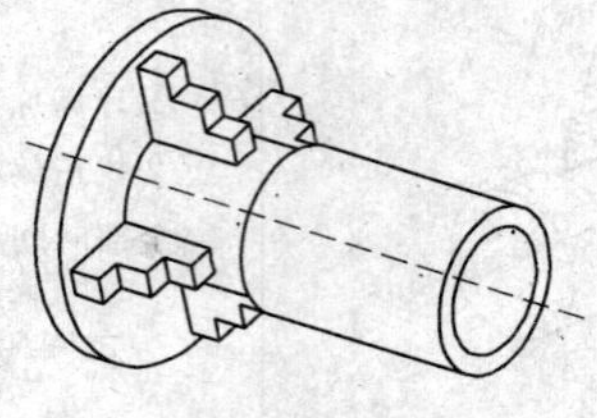	①安装工件找正外圆跳动不大于0.02mm ②调头安装工件外圆跳动不大于0.01mm 全部时间5′
偏心零件的安装	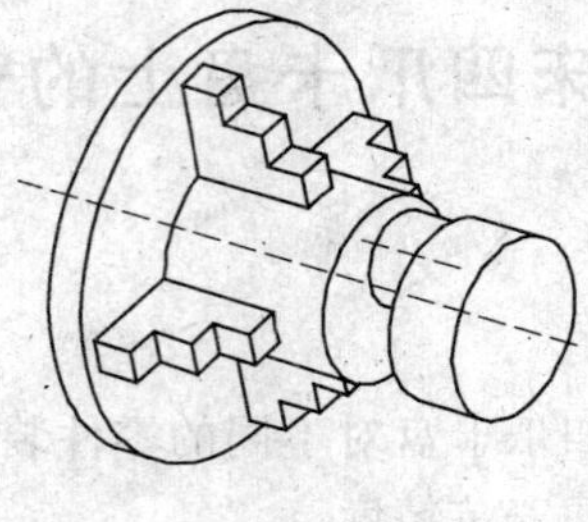	安装工件找正偏心处外圆跳动不大于0.02mm 全部时间5′

实验17　工件在车床辅助工装上的安装实验

一、实验目的

1. 利用普通车床的常用定位、夹紧装置如：双顶尖、鸡心夹、机床花盘、中心架、跟刀架等设备根据不同的零件装夹要求进行装夹训练；

2. 熟练操作各种装夹的操作过程及达到的安装精度。

二、实验内容及要求

实训设备：车床、外圆磨床（通用夹具）双顶尖、鸡心夹、机床花盘、中心架、跟刀架。见表17-1所示。

1. 训练顶尖使用方法和安装工件的方法；
2. 训练中心架使用方法和安装工件的方法；
3. 训练跟刀架使用方法和安装工件的方法。

三、实验步骤及成绩评定

根据表17-1操作步骤及规定时间进行考核。

表 17－1　　　　　　　　　　辅助工装使用训练项目表

步骤	简图	操作步骤规定时间
1. 采用双顶尖安装工件		①将鸡心夹套在工件外圆上 ②双顶尖安装工件 ③拨动花盘拨叉带动工件转动 　全部操作时间 2′
2. 采用中心架安装工件	 鸡心夹　中心架	①将中心架安装在车床导轨上 ②将鸡心夹套在工件外圆上 ③顶尖安装工件 ④拨动花盘拨叉带动工件转动 　全部操作时间 8′
3 采用跟刀架安装工件	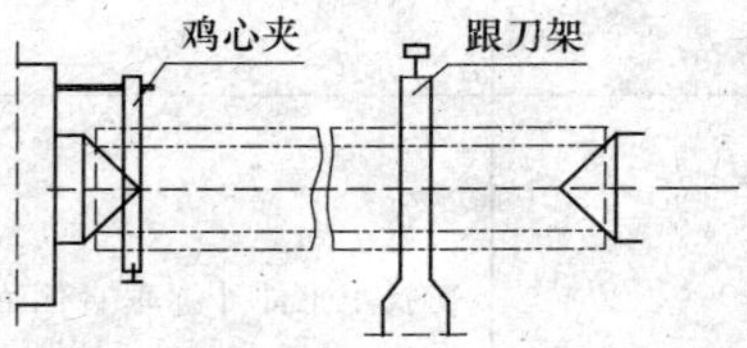 鸡心夹　跟刀架	①将跟刀架安装在车床溜板箱上 ②将鸡心夹套在工件外圆上 ③双顶尖安装工件 ④拨动花盘拨叉带动工件转动 ⑤手摇动溜板箱前后运动（工件外圆跳动不大于 0.02mm） 　全部操作时间 15′

实验 18　工件在铣床上的安装实验

一、实验目的

1. 利用普通铣床的常用定位、夹紧装置如：平口钳、垫铁、压板、双顶尖、三爪卡盘等设备根据不同的零件装夹要求进行装夹训练；

2. 熟练操作各种装夹的操作过程见表 18－1,并能达到的安装精度。

二、训练项目

1. 平口钳找正；

2. 工件找正；

3. 工件与刀具的相对位置找正。

三、实训步骤及成绩评定

实训设备：立铣床、平口钳、立铣刀、工件。

表 18 –1   平口钳使用训练项目表

步　骤	简　图	操作步骤规定时间
1. 安装平口钳	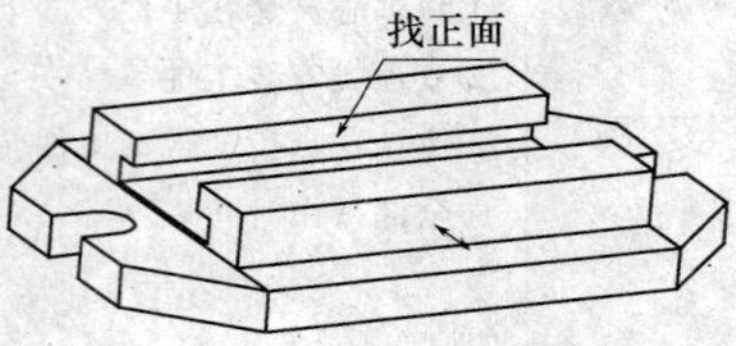 找正面	①将平口钳放在铣床工作台上 ②将钻夹头及杠杆表安装在机床主轴上,表头压在找正面上 ③在进给方向移动工作台,找正固定钳口跳动不大于 0.005mm ④紧固平口钳校核跳动量 　全部操作时间 2′
2. 采用平口钳安装工件	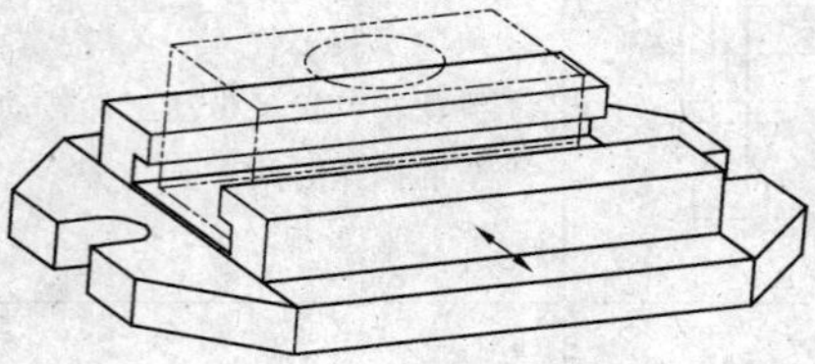	①将工件放在平口钳上定位 ②夹紧工件 ③检查夹紧后工件是否产生变形 　全部操作时间 2′
3. 将刀具置于工件中心上方 50mm 处	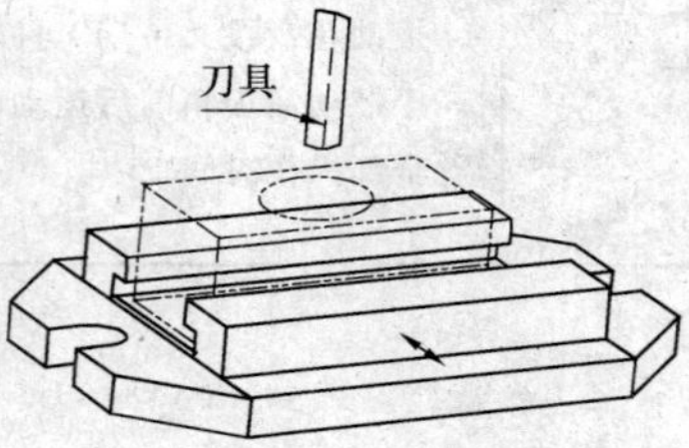 刀具	①找正工件外廓垂直侧面,使刀具中心在工件中心上方;操作时间 5′ ②找正工件内孔,使刀具中心在工件孔中心上方;操作时间 5′

专用夹具设计及装配

实验 19　专用车床夹具设计及装配实验

一、实验原理

根据加工要求综合应用定位、夹紧方案确定的原理,利用夹具建立工件与车床主轴、工件与车刀之间的相对运动关系。

二、实验目的

1. 根据加工要求确定定位方案,符合六点定位原理,并使定位误差尽可能减小,以确保加工精度;
2. 根据工件形状确定夹紧方案,使夹紧力最小,夹紧机构操作方便,安全可靠,结构简单;
3. 设计夹具基体联接夹具各部件为一体,并保证工件与机床、工件与刀的相对位置关系;
4. 利用机床夹具手册确定车床夹具与车床花盘连接方式和结构尺寸;
5. 确定找正带结构尺寸及找正方法;
6. 学会查找和利用机床夹具图册中的标准件及典型结构。

三、实验内容及要求

图 19 - 1 所示一弯头零件工序图。工件外圆 $\phi30^0_{-0.013}$ 及端面 A 和 $\phi8$ 孔已经加工过。加工表面为弯头螺纹、端面、内孔处,并要求保证下列技术要求:

1. 弯头处与端面 A 夹角为 10°;
2. 弯头处端面至中心距离 40mm;

上述技术条件由夹具保证。

四、实验步骤

1. 确定定位方案,选择定位元件:工件以平面、外圆和一个 $\phi8$ 孔做定位基准,在平面、圆孔 $\phi30^{+0.06}_{0}$ 和菱形销上定位。定位方案如图 19 - 2 所示,内孔限制二个自由度 $\vec{y}$、$\vec{x}$,台阶面限制三个自由度 $\vec{z}$、$\hat{x}$、$\hat{y}$,菱形销限制了一个自由度 $\hat{z}$,属于完全定位。
2. 确定夹紧方案,选择夹紧元件:用两幅螺旋压板在两侧夹紧。
3. 确定测量基准面,为使弯头处端面至中心尺寸 40mm 便于测量,在夹具上设计一个测量基面,间接测量零件图 40mm 尺寸要求。
4. 设计夹具体连接各部件及元件成为一体。
5. 图 19 - 2 为所用的专用夹具。

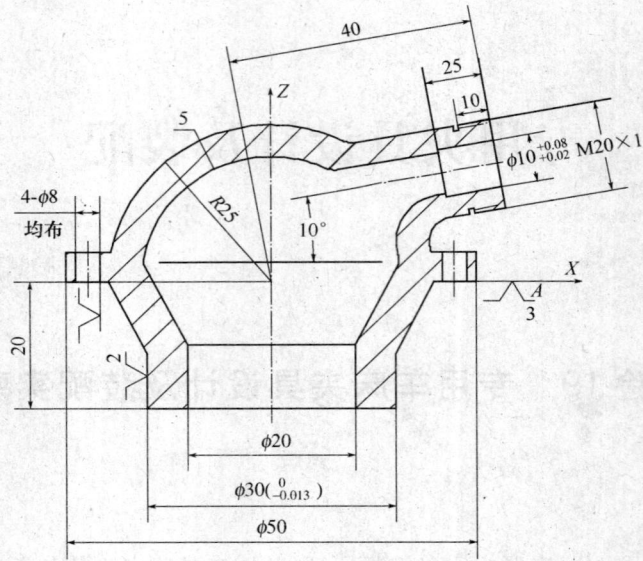

图 19－1　弯头零件

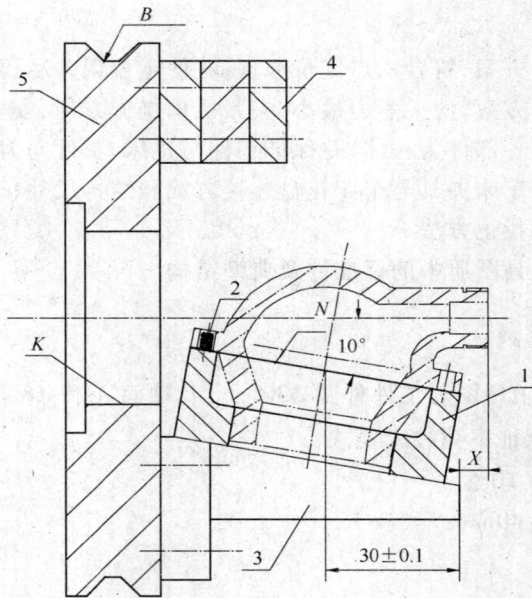

1—定位盘　2—菱形销　3—角铁支架　4—平衡块　5—夹具体

图 19－2　车床夹具草图

实验20　专用铣床夹具设计及装配实验

一、实验原理

根据加工要求综合应用定位、夹紧方案确定的原理,利用夹具建立工件与铣床主轴工作台、工件与铣刀之间的相对运动关系。

二、实验目的

1. 根据加工要求确定定位方案,符合六点定位原理,并使定位误差尽可能减小,以确保加工精度;
2. 根据工件形状确定夹紧方案,使夹紧力最小,夹紧机构操作方便,安全可靠,结构简单;
3. 设计夹具基体联接夹具各部件为一体,并保证工件与机床、工件与刀具的相对位置关系;
4. 利用机床夹具手册确定铣床夹具与铣床工作台定向键连接方式和结构尺寸;
5. 确定找正带结构尺寸及找正方法;
6. 学会查找和利用机床夹具图册中的标准件及典型结构。

三、实验内容及要求

图 20 - 1 所示一圆柱零件铣台阶工序图。工件内孔 $\phi25H7$ 和 $2 - \phi8H8$ 及端面 B 已经加工过。加工两侧台阶,并要求保证下列技术要求:

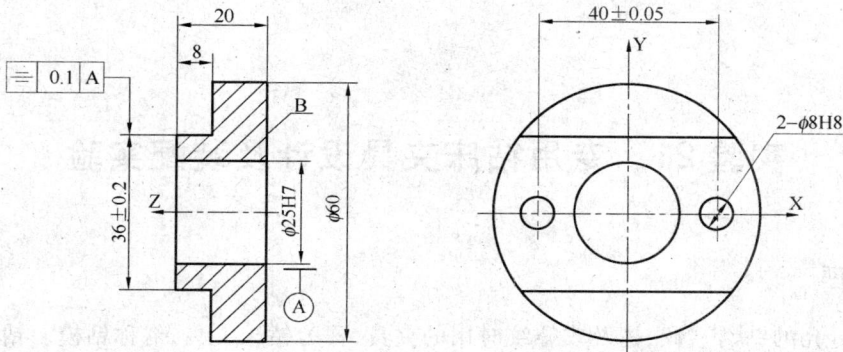

图 20 - 1 铣台阶零件图

1. 台阶宽度 36 ± 0.2 mm;
2. 台阶对称与孔中心轴线误差不大于 0.1mm;
3. 台阶深度 8mm。
4. 台阶两侧面与 $2 - \phi8H8$ 两孔连线方向一致。

四、实验步骤

1. 确定定位方案,选择定位元件:工件以底平面 B、$\phi25H7$ 内孔和 $2 - \phi8H8$ 孔为工序基准,按基准重合的原则选底面及内孔 $\phi25H7$ 和一个 $\phi8H8$ 孔为定位基准。定位方案如图 20 - 2 所示,圆柱销限制二个自由度 $\vec{y}、\vec{x}$,底面限制三个自由度 $\vec{z}、\hat{x}、\hat{y}$,菱形销限制了一个 $\hat{z}$ 自由度。

2. 确定夹紧方案,选择夹紧元件:由于工件批量小,宜用简单的手动夹紧装置。零件的轴向刚度好,不妨碍切削,因此夹紧力应指向主要限位面。如图 20 - 2 所示,采用偏心压板夹紧机构,使工件装卸迅速、方便。

3. 确定对刀元件:图 20 - 2A 向视图为对刀块结构(其工作原理见实验 25)。

4. 设计夹具体连接各部件及元件成为一体。

5. 确定定向键结构及连接方式(其工作原理见实验 24)。

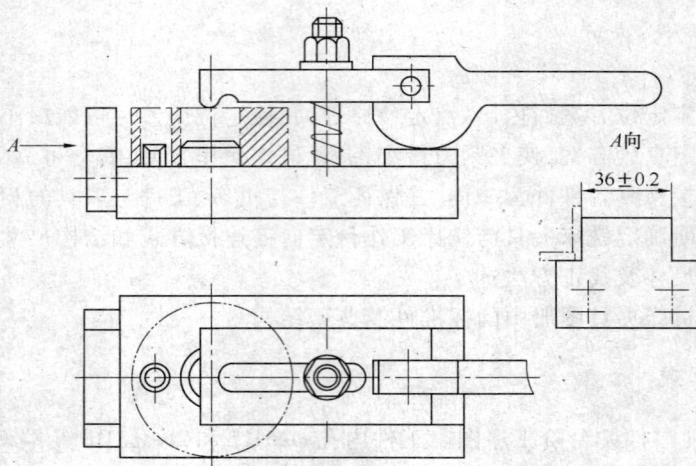

图 20 - 2　偏心压板夹紧机构

实验 21　专用钻床夹具设计及装配实验

一、实验原理

在钻床上进行孔的钻、扩、铰、锪及攻螺纹时用的夹具,称为钻床夹具,俗称钻模。钻模上均设置钻套和钻模板,用以导引刀具。钻模主要用于加工中等精度、尺寸较小的孔或孔系。使用钻模可提高孔及孔系间位置精度,其结构简单、制造方便,因此钻模在各类机床夹具中占的比重最大。

钻模的种类繁多,按钻模在机床上的安装方式可分为固定式和非固定式两类;按钻模结构特点可分为普通式、分度式、盖板式、翻转式、滑柱式以及斜孔式等。

二、设计要点

1. 钻模类型的选择:钻模的种类很多,在设计钻模时,首先需要根据工件的形状、尺寸、重量和加工要求,并考虑生产批量、工厂工艺装备的技术状况等具体条件来选择夹具的结构类型。

2. 钻套的选择:钻套和钻模板是钻床夹具的特殊元件。钻套装配在钻模板或夹具体上,而钻模板则以各种形式与夹具体或支架连接。钻套的作用是确定被加工工件上孔的位置,引导钻头、扩孔钻或铰刀,并防止其在加工过程中发生偏斜。按钻套的结构和使用情况,可分为四种类型:固定钻套、可换钻套、快换钻套、特殊钻套。具体结构可参照夹具设计手册。

3. 钻模板设计:钻模板多装配在夹具体或支架上。或与夹具上的其他元件相连接。常见的几种类型:固定式钻模板、铰链式钻模板、可卸式钻模板、悬挂式钻模板。

设计钻模板时应注意的问题:

(1)钻模板上安装钻套的孔与定位元件的位置应具有足够的精度。

(2)钻模板应具有足够的刚度,以保证钻套位置的准确性,但又不能做得太厚太重。

(3)保证加工的稳定性。如悬挂式钻模板,其导杆上的弹簧力必须足够,使钻模板在夹具上能维持足够的定位压力。

4. 支脚设计：为减少夹具底面与机床工作台的接触面积，使夹具体放置平稳，如翻转式、移动式等钻模，一般都在相对钻头送进方向的夹具体上设置支脚，支脚的断面可采用矩形或圆柱形。支脚可和夹具体成为一体，也可做成装配式的，但要注意几点：

(1) 支脚必须四个。因为如果夹具放歪了，有四个支脚立即能发现；

(2) 矩形支脚断面的宽度或圆柱支脚的直径必须大于机床工作台 T 形槽的宽度，以免陷入槽中；

(3) 夹具的重心、钻削压力必须落在四个支脚所形成的支承面之内；

(4) 钻套轴线与支脚所形成支承面垂直或平行，使钻头能正常工作，防止折断，能保证被加工孔的位置精度。

三、实验目的

本实验根据加工要求综合应用定位、夹紧方案确定的原理，利用夹具建立工件与钻床工作台、工件与钻头之间的相对关系。

1. 根据加工要求确定定位方案，符合六点定位原理，并使定位误差尽可能减小，以确保加工精度；

2. 根据工件形状确定夹紧方案，使夹紧力最小，夹紧机构操作方便，结构简单；

3. 利用机床夹具手册确定钻套、钻模板种类和结构尺寸；

4. 设计夹具基体联接夹具各部件为一体，并保证工件与机床、工件与刀具的相对位置关系；

5. 学会查找和利用机床夹具图册中的标准件及典型结构。

四、实验内容及要求

图 21 - 1 为钢套零件工序图。工件外圆、内孔、端面均以加工，钻孔工序要求保证下列技术要求：

1. $\phi5$mm 孔轴线到端面 B 的距离 20 ± 0.1mm；

2. $\phi5$mm 孔对 $\phi20$H7 孔的对称度为 0.1mm；

上述技术条件由夹具保证。

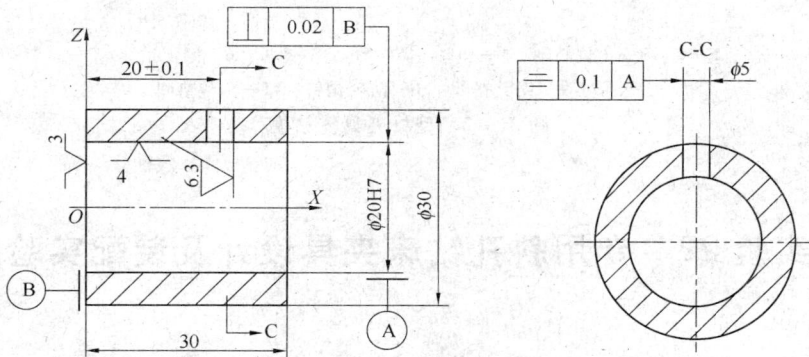

图 21 - 1　钢套钻直孔工序图

五、实验步骤

1. 确定定位方案，选择定位元件：工序基准为端面 B 及 $\phi20$H7 孔的轴线，按基准重合的原则选端面 B 及 $\phi20$H7 孔为定位基准。定位方案如图 21 - 2 所示，心轴限制四个自由度 $\vec{y}、\vec{z}、\widehat{y}、\widehat{z}$，台阶面限制三个自由度 $\vec{x}、\widehat{y}、\widehat{z}$，故重复限制了 $\widehat{y}、\widehat{z}$ 两个自由度。但由于 $\phi20$H7 孔轴线与端面 B 垂直度为 0.02mm，$\phi20$H7（$\phi20^{+0.021}_{0}$mm）与 $\phi20$f6（$\phi20^{-0.020}_{-0.033}$mm）的最小配合间隙 $X_{\min} = 0.02$mm，满足精度条件，因此一批工件在定位心轴上安装时不会产生干涉现象，这种定位属于可用重复定位。定位心轴的右上部铣平，用来让刀和避免钻孔后的毛刺妨碍工件装卸。

2. 确定夹紧方案,选择夹紧元件:由于工件批量小,宜用简单的手动夹紧装置。钢套的轴向刚度比径向的刚度好,因此夹紧力应指向限位台阶面。如图所示,采用带开口垫圈的螺旋夹紧机构,使工件装卸迅速、方便。

3. 确定对刀元件钻套及钻模板:为能迅速、准确地确定刀具与夹具的相对位置,钻床夹具上都应设置引导刀具的元件——钻套。钻套一般安装在钻模板上,钻模板与夹具体连接,钻套与工件之间留有排屑空间,如图示。因工件批量小又是单一钻孔工序,所以此处选用固定钻套。

4. 设计夹具体连接各部件及元件成为一体:图 21-2 为采用型材夹具体的钻模。夹具体由盘 1 及套 2 组成,定位心轴 3 安装在盘 1 上,套 2 下部为安装基面 B,上部兼作钻模板。此方案的夹具体为框架式结构。采用此方案的钻模刚性好、重量轻、取材容易、制造方便、制造周期短、成本较低。

5. 检测夹具总图各项技术要求。

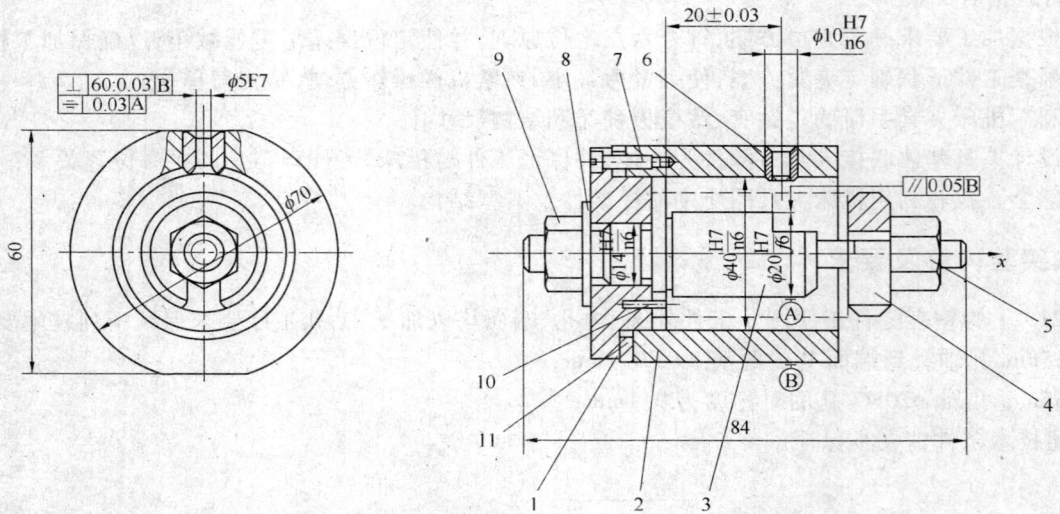

1—盘　2—套　3—定位心轴　4—开口垫圈　5—夹紧螺母　6—固定钻套　7—螺钉
8—垫圈　9—锁紧螺母　10—防转销钉　11—调整垫圈
图 21-2　型材夹具体钻模

实验 22　专用斜孔钻床夹具设计及装配实验

一、实验目的

本实验根据加工要求综合应用定位、夹紧方案确定的原理,利用夹具建立工件与钻床工作台、工件与钻头之间的相对关系。

1. 根据加工要求确定定位方案,符合六点定位原理,并使定位误差尽可能减小,以确保加工精度。
2. 根据工件形状确定夹紧方案,使夹紧力最小,夹紧机构操作方便,结构简单。
3. 利用机床夹具手册确定钻套、钻模板种类和结构尺寸。
4. 设计夹具基体联接夹具各部件为一体,并保证工件与机床、工件与刀具的相对位置关系。
5. 学会查找和利用机床夹具图册中的标准件及典型结构。

二、实验内容及要求

图 22 - 1 为钢套钻斜孔零件工序图。工件外圆、内孔、端面均以加工,钻孔工序要求保证下列技术要求:

1. ϕ5mm 孔轴线到端面 B 的距离 20 ± 0.1mm;

2. ϕ5mm 孔轴线与端面 B 夹角为 30°;

3. ϕ5mm 孔对 20H7 孔的对称度为 0.1mm;

上述技术条件由夹具保证。

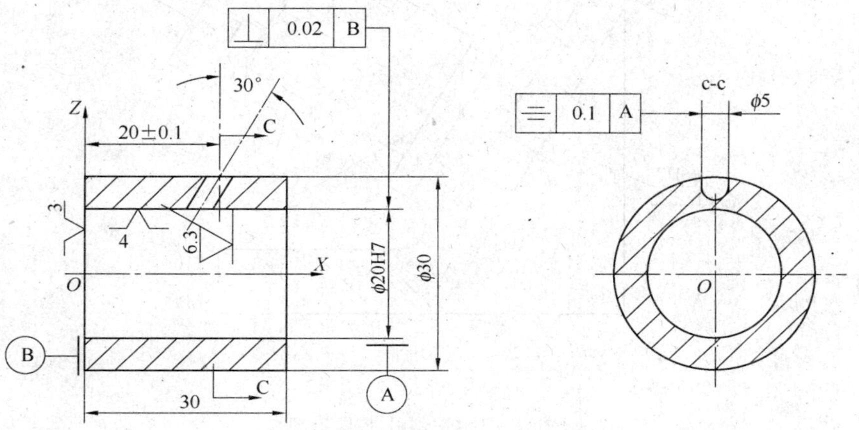

图 22 - 1 钢套钻斜孔工序图

三、实验步骤

1. 确定定位方案,选择定位元件:工序基准为端面 B 及 ϕ20H7 孔的轴线,按基准重合的原则选端面 B 及 ϕ20H7 孔为定位基准。定位方案如图 22 - 2 所示,心轴限制四个自由度 $\vec{y}$、$\vec{z}$、$\hat{y}$、$\hat{z}$,台阶面限制三个自由度 $\vec{x}$、$\hat{y}$、$\hat{z}$,故重复限制了 $\hat{y}$、$\hat{z}$ 两个自由度。但由于 ϕ20H7 孔轴线与端面 B 垂直度为 0.02mm,ϕ20H7 ($\phi20_{0}^{+0.021}$mm) 与 ϕ20f6 ($\phi20_{-0.033}^{-0.020}$mm) 的最小配合间隙 $X_{min} = 0.02$mm,满足精度条件,因此一批工件在定位心轴上安装时不会产生干涉现象,这种定位属于可用重复定位。定位心轴的右上部铣平,用来让刀和避免钻孔后的毛刺妨碍工件装卸。

2. 确定夹紧方案,选择夹紧元件:由于工件批量小,宜用简单的手动夹紧装置。钢套的轴向刚度比径向的刚度好,因此夹紧力应指向限位台阶面。如图所示,采用带开口垫圈的螺旋夹紧机构,使工件装卸迅速、方便。

3. 确定对刀元件钻套及钻模板:为能迅速、准确地确定刀具与夹具的相对位置,钻床夹具上都应设置引导刀具的元件——钻套。钻套一般安装在钻模板上,钻模板与夹具体连接,钻套与工件之间留有排屑空间,如图示。因工件批量小又是单一钻孔工序,所以此处选用固定钻套。

4. 设计夹具体连接各部件及元件成为一体:图 22 - 2 为采用铸造夹具体,夹具体上安装定位元件、钻模板等。钻套孔中心与安装基面 B 垂直、与定位平面 A 成 30° 夹角,为了间接测量孔位置尺寸 20mm,在夹具体上设置工艺孔。

四、斜孔钻模上工艺孔的设置与计算

在斜孔钻模上,钻套轴线与限位基准倾斜,其相互位置无法直接标注和测量,为此常在夹具的适当位置设置工艺孔,利用此孔间接确定钻套与定位元件之间的尺寸,以保证加工精度。如图22 - 2,在夹具体斜面的侧面设置了工艺孔 $\phi6H7$。

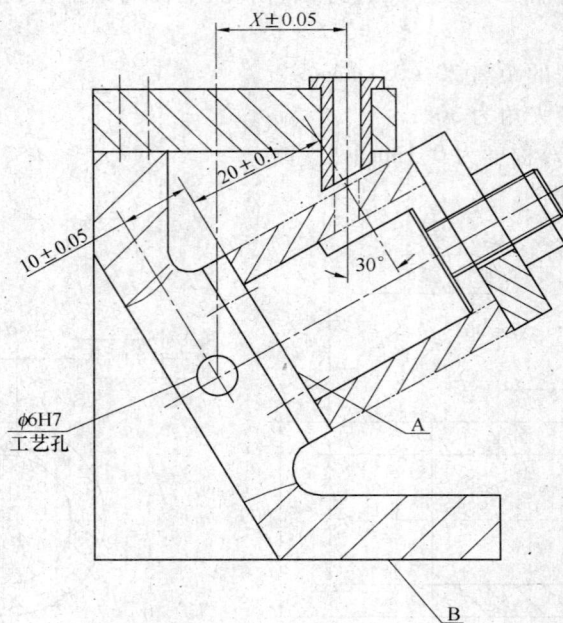

图 22 - 2　钻斜孔夹具草图

设置工艺孔应注意以下几点:

1. 工艺孔的位置必须便于加工和测量,一般设置在夹具体的暴露面上;
2. 工艺孔的位置必须便于计算,一般设置在定位元件轴线上或钻套轴线上,在两者交点上更好;
3. 工艺孔尺寸应选用标准心棒的尺寸。

图 22 - 2 方案的工艺孔符合以上原则。工艺孔到限位基面的距离为 10 ± 0.05mm。通过图 22 - 3 的几何关系,可以求出工艺孔到钻套轴线的距离 X。

$$X = AC - BC = CE\cos30° - 15\sin30° = 18.48$$

在夹具制造中要求控制 10 ± 0.05mm 及 18.48 ± 0.05mm 这两个尺寸,即可间接地保证 20 ± 0.1mm 的加工要求。

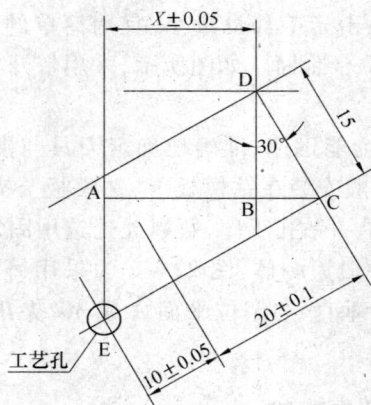

图 22 - 3　工艺孔位置计算

夹具在机床上安装

实验 23　车床夹具在机床上安装实验

一、实验原理

车床夹具与机床主轴的联接精度对回转精度有决定性的影响。因此,要求夹具的回转轴线与车床主轴轴线有尽可能高的同轴度。

(一)车床夹具在机床主轴上的安装方式

根据车床夹具径向尺寸的大小,其在机床主轴上的安装一般有两种方式:

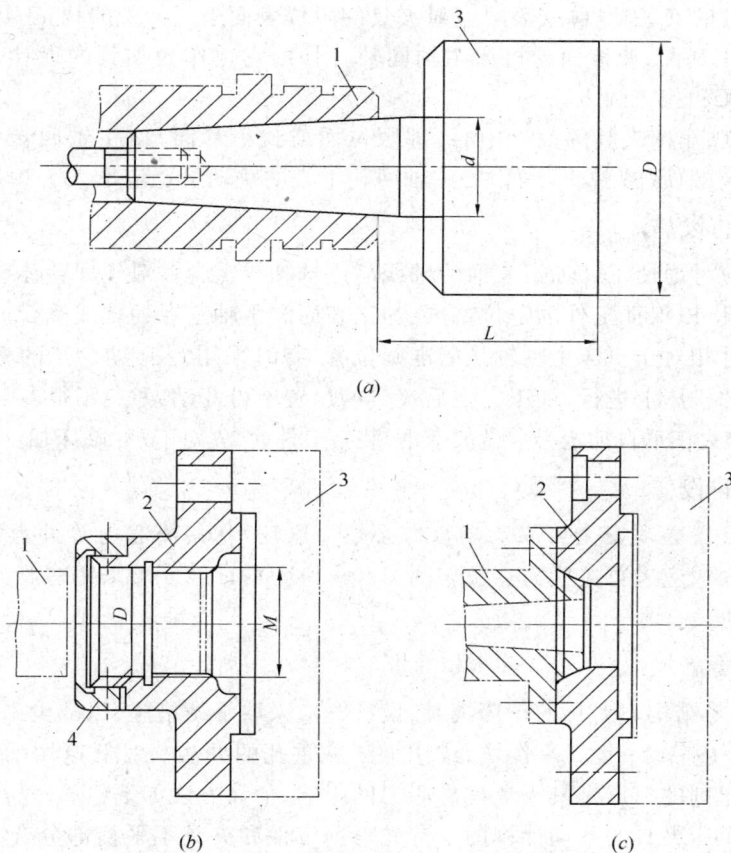

(a)

(b)　　　　　　　　　　　　(c)

1—主轴　2—过渡盘　3—专用夹具　4—压块

图 23 - 1　车床夹具与机床主轴的连接

1. 夹具通过主轴锥孔与机床主轴连接。当夹具体两端有中心孔时,夹具安装在车床的前后顶尖上。夹具体带有锥柄时,夹具通过莫氏锥柄直接安装在主轴锥孔中,并用螺栓拉紧,如图23-1(a)所示。这种方式的安装误差小,定心精度高,适用于小型夹具。一般 $D < 140$mm 或 $D < (2-3)d$。

2. 夹具通过过渡盘与机床主轴连接。径向尺寸较大的夹具,一般用过渡盘安装在主轴的头部,过渡盘与主轴配合处的形状取决于主轴前端的结构。

图23-1(b)所示的过渡盘,以内孔在主轴前端的定心轴颈上定位(采用 H7/h6 或 H7/js5 配合),用螺纹紧固,轴向由过渡盘端面与主轴前端的台阶面接触。为防止停车和倒车时因惯性作用使两者松开,用压块4将过渡盘压在主轴上。这种安装方式的安装精度受配合精度的影响,常用于 C620 机床。

图23-1(c)所示的过渡盘,以锥孔和端面在主轴前端的短圆锥面和端面上定位。安装时,先将过渡盘推入主轴,使其端面与主轴端面之间有 0.05~0.1mm 间隙,用螺钉均匀拧紧后,产生弹性变形,使端面与锥面全部接触,这种安装方式定心准确,刚性好,但加工精度要求高,常用于 CA6140 机床。

常用车床主轴前端的结构尺寸,可参阅"夹具"手册。

过渡盘与夹具体之间用"止口"定心,即夹具的定位孔与过渡盘的凸缘以 H7/f7、H7/h6、H7/is6 或 h7/n6 配合,然后用螺钉固紧。过渡盘常作为机床附近备用。设计夹具时,应按过渡盘凸缘确定夹具的止口尺寸。没有过渡盘时,可将过渡盘与夹具体合成一个零件设计,也可采用通用花盘来链接主轴与夹具。具体做法是:将花盘装在机床主轴上,临床车一刀端面,以消除花盘的端面安装误差,并在夹具体外圆上制一段找正圆,用来保证夹具相对主轴轴线的径向位置。

(二)找正基面的设置

为了保证车床夹具的安装精度,安装时应对夹具的限位表面进行仔细的找正。可以在夹具上专门制一孔(或外圆)作为找正基面,使该面与机床主轴同轴,同时,它也作为夹具的设计、装配和测量基准,如图19-2中的找正孔 K 和找正圆 B。

为了保证加工精度,车床夹具的设计中心(即限位面或找正基面)对主轴回转中心的同轴度应控制在 ϕ0.01mm 之内,限位端面(或找正端面)对主轴回转中心的跳动量也应不大于 0.01mm。

(三)定位元件的设置

设置定位元件时应考虑使工件加工表面的轴线与主轴轴线重合。对于回转体或对称零件,一般采用心轴或定心夹紧式夹具,以保证工件的定位基准、加工表面和主轴三者的轴线重合。

为了获得定位元件相对于机床主轴轴线的准确位置,有时采用"临床加工"的方法,即限位面的最终加工就在使用该夹具的机床上进行,加工完之后夹具的位置不再变动,避免了很多中间环节对夹具位置精度的影响。如采用不淬火三爪自动定心卡盘的卡爪,装夹工件前,先对卡爪"临床加工",以提高装夹精度。

(四)夹紧装置的设置

车床夹具的夹紧装置必须安全可靠。夹紧力必须克服切削力、离心力等外力的作用,且自锁可靠。对高速切削的车、磨夹具,应进行夹紧力克服切削力和离心力的计算。若采用螺旋夹紧机构,一般要加弹簧垫圈或使用锁紧螺母。

(五)夹具的平衡

对角铁式、花盘式等结构不对称的车床夹具,设计时应采取平衡措施,以减少由离心力产生的振动和主轴轴承的磨损,如图19-2中设置平衡块,或用加工减重孔的办法。对低速切削的车床夹具只需进行静平衡验算。对高速车削的车床夹具需考虑离心力的影响,估算方法如下:

图23-2所示为车床夹具的平衡计算图。首先根据工件和夹具不平衡部分合成质量的重心 A,确定平衡块的重心 B,计算出工件和夹具不平衡部分的合成质量 m_j,然后根据平衡条件,确定平衡块的质量 m_p。

假设合成质量 m_j 集中在重心 A 处,$OA = R$,轴向尺寸为 L,转动时它所产生的离心力 F_j(N)的近似计

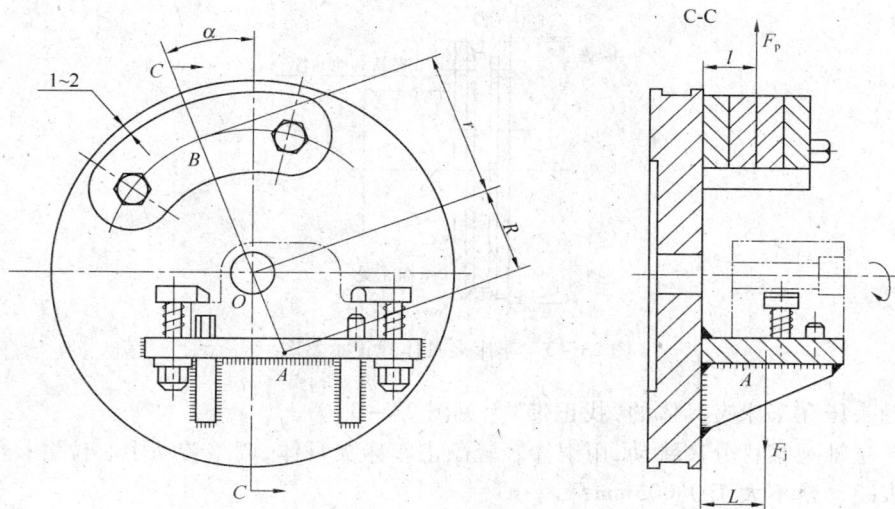

图 23－2　车床夹具的平衡计算图

算公式为：

$$F_j \approx 0.01 m_j R n^2$$

式中：m_j—工件和夹具不平衡部分的合成质量（kg）；

R—工件和夹具不平衡部分的合成质量重心至回旋重心的距离（m）；

n—主轴转速（r/min）。

由离心力引起的力矩 M_j 为 $\qquad M_j = F_j L$

设平衡块的质量 m_p 集中在重心 B 处，$OB = r$，轴向尺寸为 l，则平衡块引起的离心力 F_p（N）为：

$$F_p \approx 0.01 m_p r n^2$$

式中：m_p – 平衡块的质量（kg）；

r—平衡块重心至回转中心的距离（m）。

由 F_p 引起的力矩 M_p 为 $\qquad M_p = F_p l$

在综合考虑径向位置和轴向位置平衡的情况下，满足平衡关系式：

$$M_j = M_p$$

即 $\qquad 0.01 m_j R n^2 L = 0.01 m_p r n^2 l$

化简后得： $\qquad m_p = \dfrac{m_j R L}{r l}$

减重孔的大小可依据同上方法确定。

为弥补估算法的误差，平衡块上（或夹具体上）应开有径向槽或环形槽，以便夹具装配时调整其位置。

二、实验目的

1. 学会车床夹具体上的"找正带"、"止口"使用方法；
2. 学会车床花盘与夹具体的联接；
3. 训练夹具在机床上的安装的操作过程。

三、实验步骤及要求

实训设备：专用车床夹具体、车床花盘、磁力表座、百分表、螺栓若干、铜棒。

1. 将专用车床夹具体初步连接在车床花盘上；

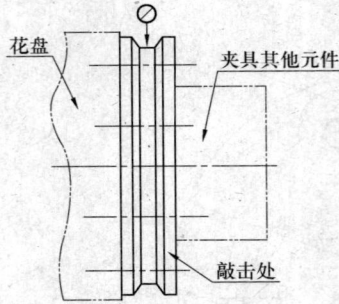

图 23 - 3　车床夹具体找正示意图

2. 百分表触头压在车床夹具体的"找正带"上见图 23 - 3；

3. 手动旋转主轴观察百分表跳动,用铜棒轻轻敲击车床夹具体,调整转动中心位置；

4. 使百分表跳动量不大于 0.005mm；

5. 紧固联接螺钉；

6. 全部操作时间不超过 20′。

实验 24　直线进给铣床夹具在机床上安装实验

一、实验原理

这类夹具安装在铣床工作台上,加工中随工作台按直线进给方式运动。例如图 24 - 2 是铣图 24 - 1 所示连杆上直角凹槽的直线进给式夹具。工件以一面两孔在支撑板 8 菱形销 7 和圆柱销 9 上定位。拧紧螺母 6,通过活节螺栓 5 带动浮动杠杆 3,使两副压板 10 均匀的同时夹紧两个工件。该夹具可同时加工六个工件,为多件加工铣床夹具,生产率高。

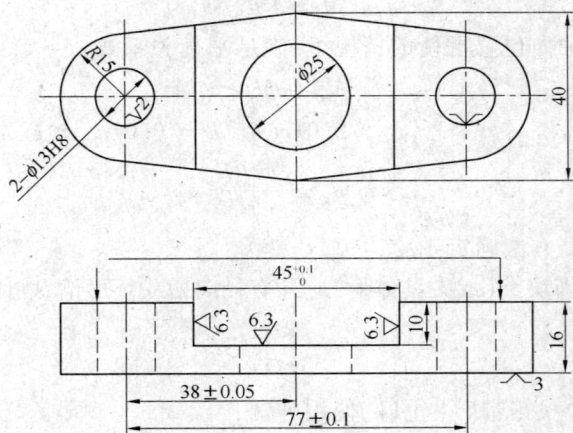

图 24 - 1　连杆铣槽工序图

(一)直线进给式铣床夹具的结构特点

1. 定向键

为了确定夹具与机床工作台的相对位置,在夹具体的底面上应设置定向键。如图 24 - 2 中的两个定向键 11,用沉头螺钉固定在夹具体底面纵向槽的两端,通过定向键与铣床工作台上的 T 形槽配合,确定了夹具在机床上的正确位置。两定向键间的定位距离越大,定向精度越高。除定位只外,定向键还能承受部分切削扭拒,减轻夹具固定螺栓的负荷,增加夹具的稳定性。因此,铣平面夹具有时也装定向键。

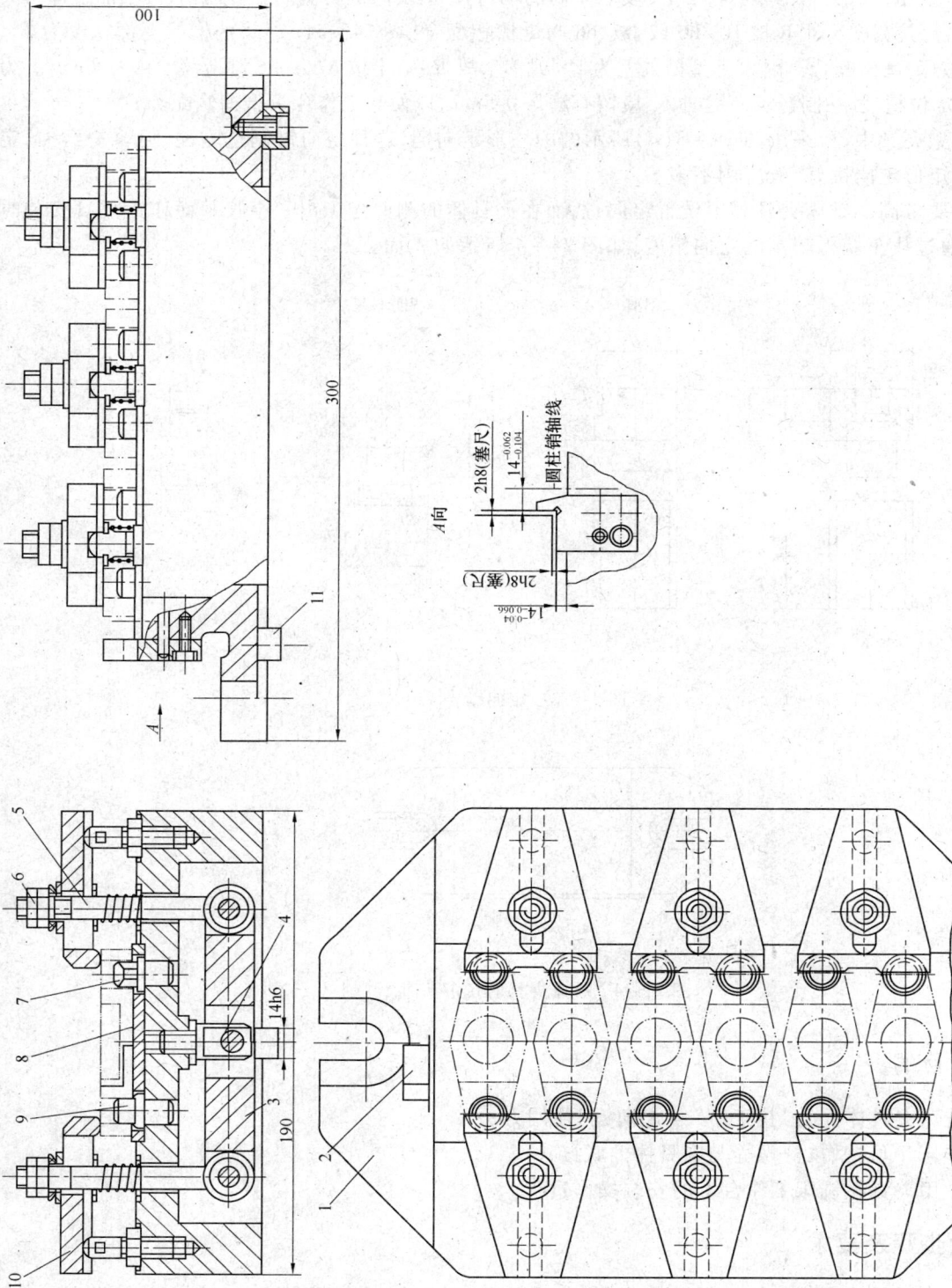

图24—2 连杆铣槽夹具

1—夹具体 2—对刀块 3—浮动连杆 4—铰链螺钉 5—活节螺栓 6—螺母 7—菱形销 8—支承板 9—圆柱销 10—压板 11—定向键

定向键有矩形和圆形两种,如图 24 - 3 所示。常用的是矩形定向键,其结构尺寸已标准化,可参阅《夹具标准》(GB/T2206 - 91)。

矩形定向键有两种结构型式:A 型[图 24 -3(a)]和 B 型[图 24 -3(b)]。A 型定向键的宽度,按统一尺寸 B(h6 或 h8)制作,适用于夹具的定向精度要求不高的场所,B 型定向键的侧面开有沟槽,沟槽的上部与夹具体的键槽配合,其宽度尺寸 B 按 H7/h6 或 Js7/h6 与键槽相配合[图 24 -3(c)]。沟槽的下部宽度为 B_1,与铣床工作台的 T 型槽配合。因为 T 型槽公差为 H8 或 H7,故 B_1 一半按 h7 或 h6 制造[图 24 -3(c)]。为了提高夹具的定位精度,在制造定向键时 B_1 应留有磨量 0.5mm,以便与工作台 T 型槽修配。

在有些小型夹具中,可采用图 24 -3(d)所示的圆柱形定向键,这种定向键制造方便,但容易磨损,定位稳定性不如矩形定向键好,故应用不多。

定向精度要求高的铣床夹具可不设置定向键,而在夹具体的侧面加工出一窄长平面作为夹具安装时的找正基面,通过找正获得较高的定向精度,如图 24 -4 所示的 A 面。

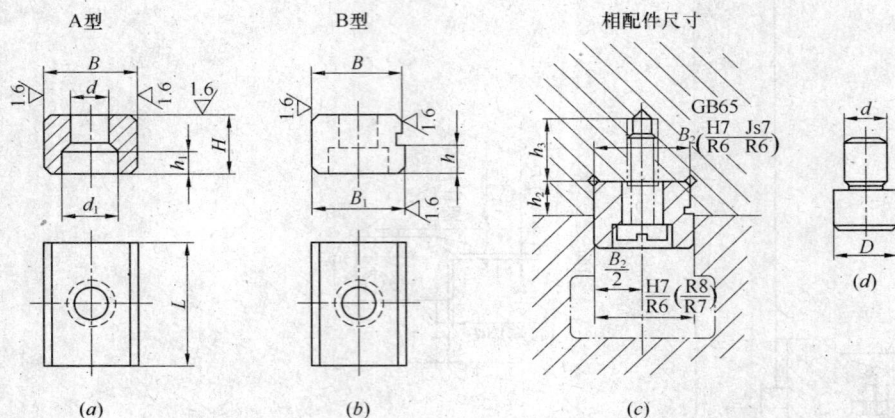

图 24 - 3 定向键

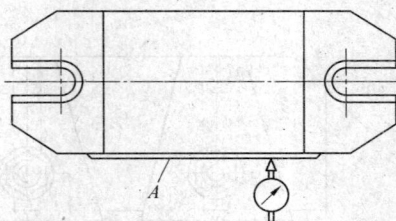

图 24 - 4 铣床夹具的找正基面

二、实验目的:

1. 学会铣床夹具体上的"找正带"、"定向键"使用方法;
2. 学会铣床 T 形槽、拉杆螺栓与夹具体的联接;
3. 训练专用夹具在铣床工作台上的安装操作过程。

三、实验步骤及要求

实验设备:铣床夹具体、铣床工作台、定向键、磁力表座、百分表、螺栓、铜棒。

1. 将两个定向键安装在铣床夹具体的下底面槽内,定向键的上工作面与槽侧面相配合,如图

24 - 3（c）所示；

2. 将铣床夹具体的下底面放在铣床台面上，两定向键置于机床 T 型槽内；

3. 预紧两端螺栓；

4. 百分表触头压在铣床夹具体的"找正带"上，如图 24 - 4；

5. 铣床在进给方向移动，观察百分表跳动，用铜棒轻轻敲击车床夹具体，调整夹具体位置；

6. 使百分表跳动量图 24 - 4 不大于 0.005mm；全部操作时间不超过 20′。

实验 25　对刀装置的使用实验

一、实验原理

对刀装置由对刀块和塞尺组成，用以确定夹具和刀具的相对位置。对刀装置的形式根据加工表面的情况而定，如下表 25 - 1 中图形所示几种常见的对刀块。对刀调整工件通过塞尺（平面形或圆柱形）进行，这样可以避免损坏刀具和对刀块的工作表面。塞尺的厚度或直径一般为 3 ~ 5mm，按国家标准 h6 的公差制造，在夹具总图上应注明塞尺的尺寸。

对刀块通常制成单独元件，用销子和螺钉紧固在夹具体上，其位置应便于使用塞尺对刀和不妨碍工件的装卸。对刀块的工作表面与定位元件应有一定的位置尺寸要求，图中的尺寸 h 和 l 应以定位元件的工作表面或其对称中心作为基准来标注。

采用标准对刀块和塞尺进行对刀调整时，加工精度不超过 IT8 级公差。当对刀调整要求较高（在数控机床加工）或不便于设置对刀块时，可以采用试切法；标准件对刀法；或用百分表来校正定位元件相对于刀具的位置，而不设置对刀装置。

表 25 -1　　几种常见的对刀块使用方法

对刀装置	塞尺形状	塞尺厚度	用　途
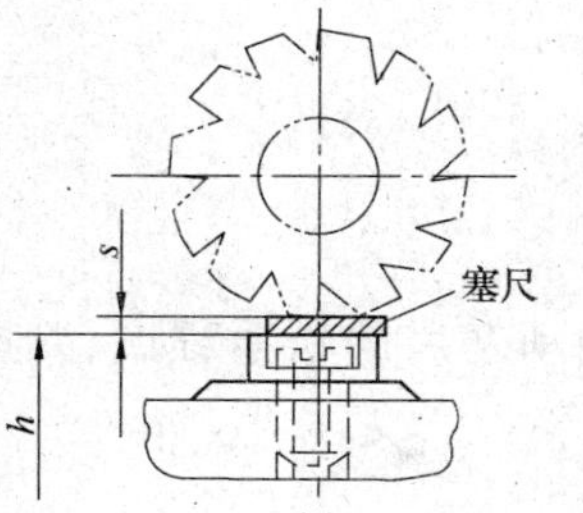 （a）	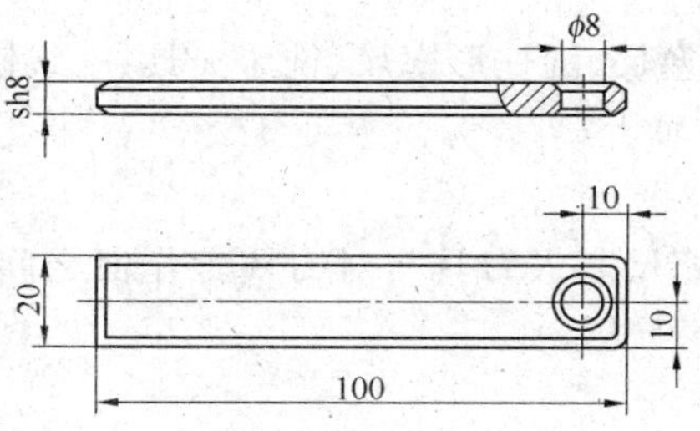	1 ~ 5mm	用于加工平面
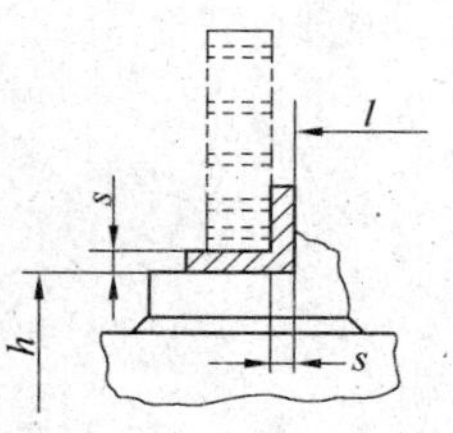 （b）	同上	1 ~ 5mm	用于铣键槽

71

（续表）

对刀装置	塞尺形状	塞尺厚度	用　途
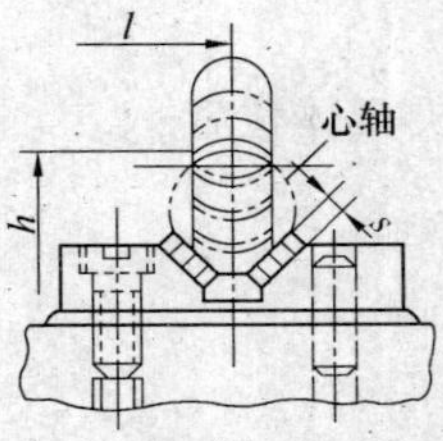 (c)	同上	1~5mm	用于成型铣刀加工成型面
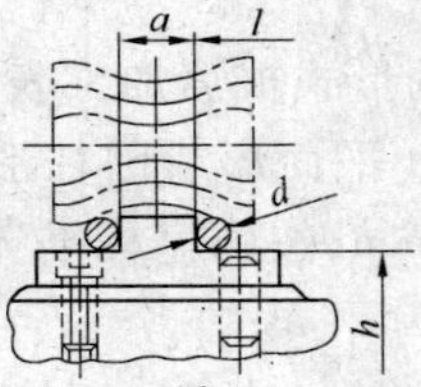 (d)	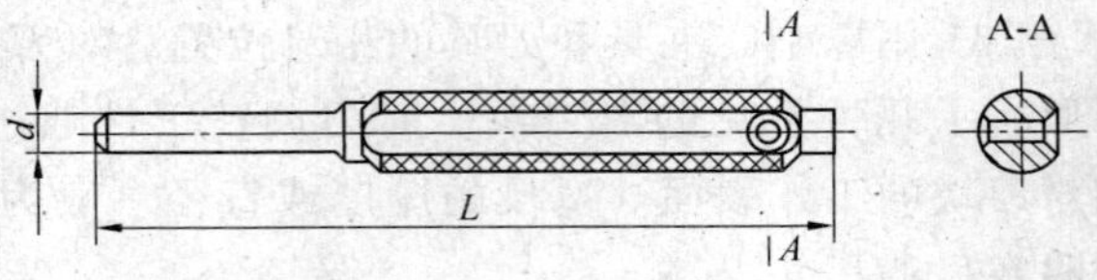 (b)	3~5mm	用于成型铣刀加工成型面

二、实验目的

1. 以铣床对刀装置为例进行对刀操作实训；
2. 学会使用对刀块、塞尺确定刀具与对刀块之间的相对位置；
3. 学会确定对刀块与定位元件之间的相对位置。

三、实验步骤

实验设备：各种类对刀块、板型塞尺、圆柱形塞尺、铣床夹具、立式铣床。

1. 将键槽刀安装在立式铣床主轴上；
2. 手动主轴慢接近对刀块；
3. 低速旋转立式铣床主轴，将塞尺塞入刀具与对刀块工作面之间，感觉抽动塞尺的松紧程度，判断铣刀的位置（因此，对刀过程存在对刀误差）。

分度装置应用

实验 26 立轴式通用转台应用实验

一、实验原理

在机械加工中,往往会遇到一些工件要求在夹具的一次安装中加工一组表面(孔系、槽系或多面体等),而此组表面是按一定角度或一定距离分布,这样就要求该夹具在工件加工过程中能进行分度。即当工件加工好一个表面后,应使夹具的某些部分连同工件转过一定角度或移动一定距离。实现上述分度要求的装置即为分度装置

分度装置可分为两大类:回转分度装置和直线分度装置。由于这两类分度装置的结构原理基本相同,而生产中又以回转分度装置应用较多,故本部分只做回转分度装置的实验。

1. 分度装置的组成

分度装置一般由以下几个部分组成:

(1)转动部分。它实现工件的转位,如图 26 - 1 中的回转台 7。

(2)固定部分。它是分度装置的基体,常与夹具体连接成一体,如图 26 - 1 中的夹具体 9。

(3)对定部分。它保证工件正确的分度位置,并完成插销、拨销动作,如图 26 - 1 中的对定爪 6、分度盘 7、弹簧销 4 及手柄 5 等。

(4)锁紧机构。它保证转动部分与固定部分紧固在一起,起减小加工时的振动和保证对定机构的作用,如图 26 - 1 中的锁紧螺钉 14、滑柱 13 及锁紧块 12。

2. 分度对定机构

分度对定机构的结构型式很多,常见的有图 26 - 2 所示几种。

3. 锁紧机构

除通常的螺杆、螺母锁紧机构外,锁紧机构还有多种结构型式,如图 26 - 3。

二、实验目的

1. 学会操作通用(定角度)分度机构;

2. 理解分度机构各组成部分的作用和工作原理;

3. 分析影响分度精度的主要因素。

三、实验步骤

实验设备:立轴式通用转台,分度对定联合操纵机构,如图 26 - 4 所示。

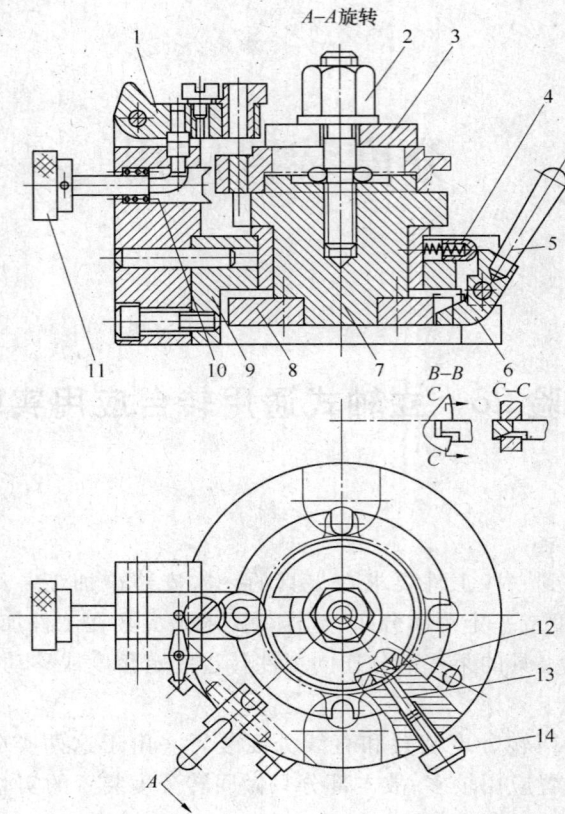

1—铰链式钻模板 2—螺母 3—开口垫圈 4—弹簧销 5.11—手柄 6—对定爪 7—回转台
8—分度盘 9—夹具体 10—活动 V 形块 12—锁紧块 13—滑柱 14—锁紧螺钉

图 26 - 1 法兰盘钻四孔的分度式钻模

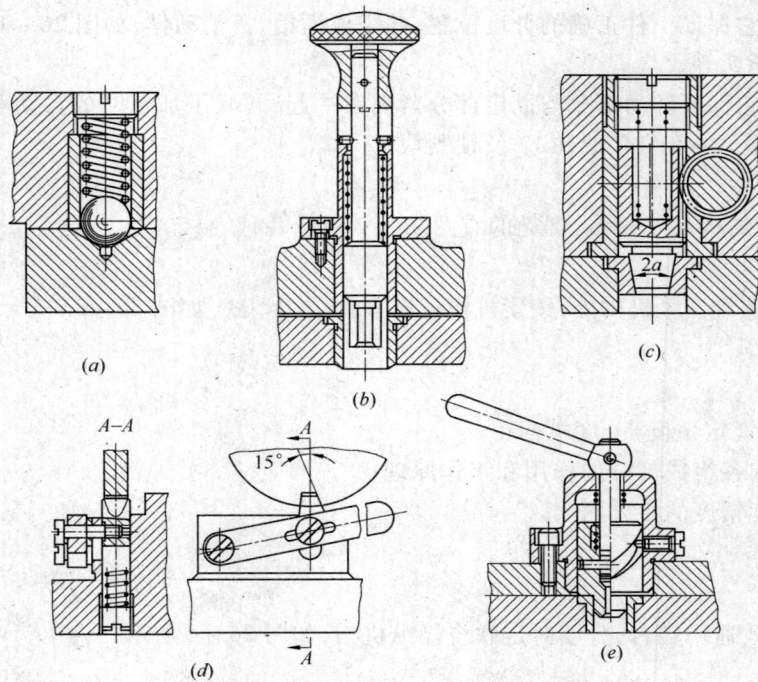

图 26 - 2 分度对定机构

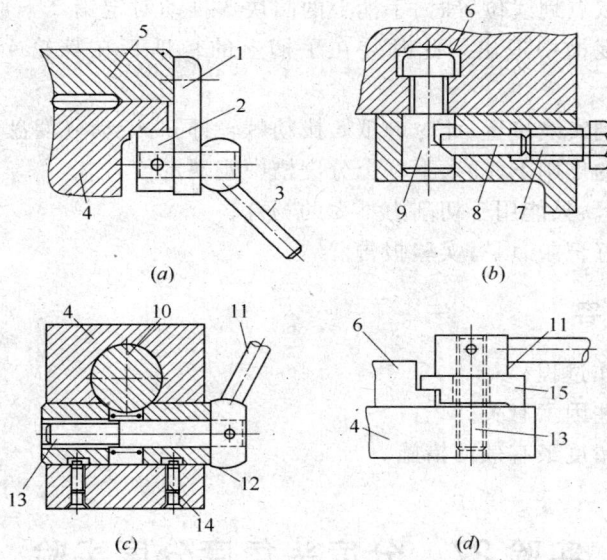

1—支板　2—偏心轮　3、11—手柄　4—底座　5、6—回转台　7—螺钉　8—滑柱　9—梯形压紧钉
10—转轴　12—锁紧套　13—锁紧螺杆　14—防转螺钉　15—压板

图 26 - 3　锁紧机构

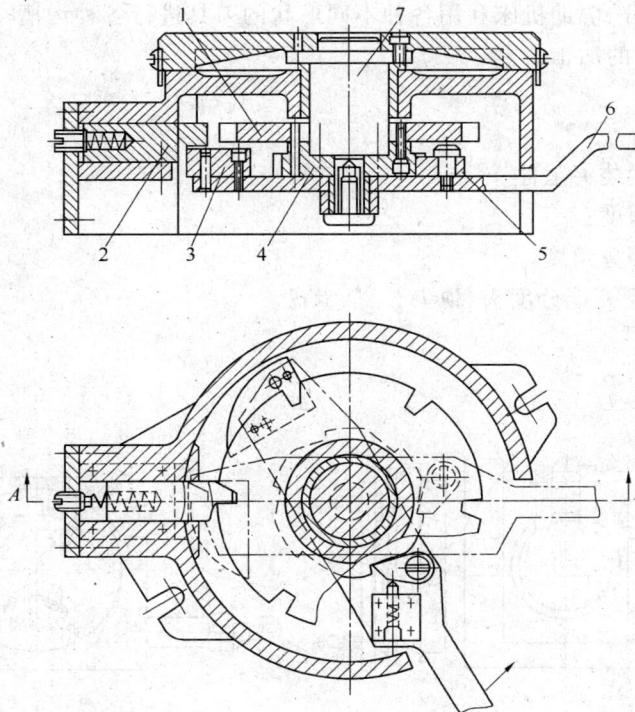

1—分度盘　2—对定销　3—凸块　4—棘轮　5—棘爪　6—手柄　7—转轴

图 26 - 4　分度与对定联合操纵机构

1. 将转台体固定在平台上不动;

2. 手柄 6 逆时针转到双点划线位置时,手柄上的凸块 3 推动对定销 2 下部的圆弧凸台,压缩弹簧使对定销 2 从分度盘 1 的分度槽中退出。此时装在手柄上的棘爪 5 在棘轮 4 上滑过,并嵌入下一棘轮槽中;

3. 将手柄 6 顺时针转到实线位置,此时棘爪 5 拨动棘轮,同时带动分度盘和转盘转过一个工位;

4. 对定销 2 在弹簧力的作用下,插入下一个分度槽中实现定位;

5. 此机构没有锁紧装置,只能用于切削力不大的场合;

6. 按实验报告要求做好记录,填写实验报告。

四、填写实验报告内容

1. 立轴式通用转台操作过程;

2. 分析分度精度与哪些因素有关;

3. 拟定一种提高分度精度最有效的措施。

实验 27　分度头角度分度实验

一、实验原理

F11100A 型万能分度头是铣床上的主要附件之一。它能将工件装卡在顶尖间或卡盘上分成任意角度,可将工件分成各种等分,协助机床利用各种不同形状的刀具进行各种沟槽、正齿轮、螺旋正齿轮、阿基米德螺线凸轮及螺旋线等的加工。

二、实验目的

1. 利用分度头和顶尖装夹工件;

2. 将工件分成任意角度;

3. 将工件分成各种等分角度。

实验设备:F11160A 型万能分度头、顶尖、三爪卡盘。

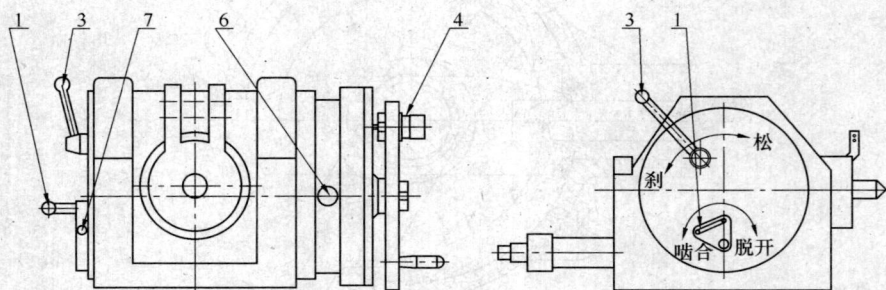

1—蜗杆脱离手柄　2—主轴前端刻度环　3—主轴刹紧手柄　4—定位销　5—分度盘　6—分度盘刹紧螺杆
7—蜗轮副间隙调整螺母　8—挂轮轴　9—手轮刻度环　10—游标环　11—手动分度手柄
图 27-1　分度头各操作部位

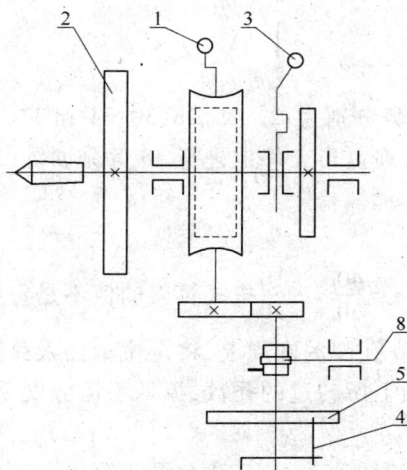

图 27 - 2　主要传动结构图

三、角度分度步骤

1. 将蜗轮脱开；

2. 利用手柄上的分度刻度环和游标环配合实现，可以达到任意角度分度；

3. 刻度环每格刻度值为 1′，刻度环回转一周分度值为 9°（教师可规定每人做不同的分度，记录并评分）；

4. 完成给定的角度分度，并在工件上划线标注。

四、操作注意事项

1. 主轴刹紧手柄 3 刹紧时，不得转动主轴进行分度；

2. 蜗轮与蜗杆由非啮合状态改为啮合状态时，应用手扶主轴前端，轻扳蜗杆脱落手柄，正反向微转主轴，感觉啮合位置合适时再将蜗轮与蜗杆啮合，配合间隙应保证分度时手感松紧适中，不得处于半啮合状态使用，以免拉伤蜗轮齿面；

3. 差动分度或挂轮拖动分度时应松开分度盘刹紧螺杆 6；

4. 定位销不能击打分度盘表面，不能在分度盘表面划动，以免早期磨伤表面。

实验 28　分度头简单分度实验

一、实验目的

1. 利用分度销和分度盘来实现所需分割的角度；

2. 定位销（分度手柄）的转数 n 根据所需等分来决定；

即　　　　　　　$$n = \frac{40（分度蜗轮齿数）}{Z（工件所需等分数）}$$

3. 以 30 等分为例训练分度头简单分度的操作过程。

二、实验内容及要求

1. 熟悉孔盘每圈孔的数量;

2. 第一个孔盘(两面孔)每圈孔数分别为:21、25、28、30、34 和 37、38、39、41、43;

3. 利用孔盘上的孔数进行分度,在盘形工件上进行 30 等分训练。

三、实验步骤

1. 一个盘形零件需 30 等分,则 $n = \frac{40}{30} = 1\frac{10}{30}$ 按式算得的值不是整数,而是分数;

2. 分母 30 即为孔盘所具有的 30 孔圈的圆周上,将定位销插入此圈孔内;

3. 分子 10 即为定位销在此孔圈上所转过的孔数,扳动手动分度手柄使定位销转动一圈零 10 个孔为一个等分,划线标注;

4. 再扳动手动分度手柄使定位销转动 1 圈零 10 个孔为第二个等分,划线标注。重复进行将 30 个等分依次标注。

说明:如分数的分母不能化为分度盘上所具有的孔数,简单分度则不能使用,需用差动分度。

实验 29　分度头差动分度实验

一、实验原理

在分度头主轴和分度盘之间用挂轮连接起来进行分度,叫做差动分度。这种分度方式在用简单分度法不能分度的情况下采用,差动分度可以达到任意等分数。

1. 将分度盘刹紧螺杆与分度盘脱离,保证分度盘也能转动;

2. 在主轴后锥孔中插入心轴,在心轴上装上交换齿轮如图 29 - 1,A、B、C、D 为交换齿轮。通过心轴传至挂轮轴;

3. 转动分度手柄带动主轴旋转时,通过主轴后端心轴之交换齿轮传至挂轮轴,带动分度盘产生微动来补偿工件所需等份与假定等份在角度上的差值。挂轮情况见图 29 - 1。

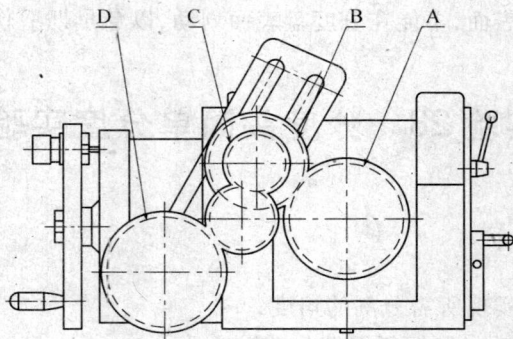

图 29 - 1　分度挂轮

①计算公式

每次分度头手柄的转数 $n = \frac{40}{Z_1}$;挂轮比 $i = \frac{40(Z_1 - Z)}{Z_1} = \frac{A \times C}{B \times D}$

式中:40——分度头的定数;

      Z——工件实际等分数;

      Z_1——工件假定等分数。

所选的工件假设等分数 Z_1 必须能够进行简单分度,并且要比较接近工件实际等分数 Z。

②分度头挂轮装置表

Z_1 和 Z 相比	挂轮比 i	手柄和分度盘回转方向	一对挂轮	二对挂轮
$Z_1 > Z$	正	相同	加一个介轮	不加介轮
$Z_1 < Z$	负	相反	加两个介轮	加一个介轮

二、实验目的

1. 学会计算挂轮比和分度头转数;
2. 学会安装挂轮;
3. 学会使用分度头差动分度的操作过程。

三、实验内容及要求

1. 有一个齿轮,齿数 $Z = 111$,求在铣削时分度头手柄转数 n 和挂轮比 i 等于多少?
2. 有一个齿轮,齿数 $Z = 107$,求在铣削时分度头手柄的转数 n 和挂轮比 i 等于多少?

四、实验步骤

实验 1

解选假设齿轮齿数 $Z_1 = 120$

$$i = \frac{40(Z_1 - Z)}{Z_1} = \frac{40(120 - 111)}{120} = \frac{40 \times 9}{120} = \frac{4 \times 9}{3 \times 4} = \frac{40 \times 90}{30 \times 40} = \frac{80 \times 90}{60 \times 40}$$

$$n = \frac{40}{Z_1} = \frac{40}{120} = \frac{1}{3} = \frac{22}{66}$$

即采用两对挂轮:80、90 是主挂轮,60、40 是被动轮。假设齿轮齿数 Z_1 大于齿轮实际齿数 Z,因此手柄和分度盘的回转方向相同,所以两对挂轮不加介轮。每铣一齿,分度头手柄在 66 孔圈的圆周上转过 22 个孔距数。

实验 2

解选假设齿轮齿数 $Z_1 = 100$

$$i = \frac{40(Z_1 - Z)}{Z_1} = \frac{40(100 - 107)}{100} = \frac{40 \times (-7)}{100} = -\frac{280}{100} = -\frac{14}{5} = -\frac{2 \times 7}{1 \times 5} = -\frac{20 \times 70}{10 \times 50} = -\frac{80 \times 70}{40 \times 50}$$

$$n = \frac{40}{Z_1} = \frac{40}{100} = \frac{2}{5} = \frac{12}{30}$$

即采用两对挂轮:80、70 是主动轮,40、50 是被动轮。假设齿轮齿数 Z_1 小于齿轮实际齿数 Z,因此手柄和分度的回转方向相反,所以两对挂轮就加一个介轮。每铣一齿,分度头的手柄在 30 孔圈的圆周上转过 12 个孔距数。

组合夹具基本原理

实验 30　组合夹具基本元件实验

随着数控加工技术的发展,对夹具提出"柔性化"的新要求。实现夹具"柔性化"的基础是机床夹具的通用化、标准化、组合化。组合夹具就是根据工艺要求,由可以循环使用的并具有高精度、高强度的标准化元件组装成的易联接和拆卸的"柔性化"夹具。

一、组合夹具的性质及特点

(一)组合夹具性质

组合夹具是在机床夹具元件通用化、标准化、系列化的基础上发展起来的新型夹具。它是由预先制造好的标准化组合夹具元件,根据被加工工件的工序要求组装而成的。因此组合夹具具有通用性和专用性双重性质,即组合夹具的元件是通用性的元件,而一但组装成成套夹具即为专用夹具。

组合夹具结构灵活多变,元件长期重复使用。因此,其主要元件比其他型式的夹具零件具有高精度、高强度、高硬度、耐磨性高的特点,单个元件功能多样,并有完全互换性。组合夹具元件周而复始循环使用的特点与专用夹具使用规律形成明显差异:

专用夹具: 设计 → 制造 → 使用 → 报废

组合夹具: 元件库 → 组装 → 使用 → 拆卸 → 清洗油封 （返回元件库）

(二)组合夹具特点

根据组合夹具是由能重复使用的标准化元件组装而成的夹具特点,故元件之间的联接要求应定位准确、联接可靠、装拆方便。按元件定位联接形式不同,当前国内外组合夹具分成槽系组合夹具和孔系组合夹具两大类型。

槽系组合夹具元件之间定位联接是采用高精度的槽、键定位,螺栓紧固。GB2804 – 81《组合夹具元件结构要素》中规定,我国槽系组合夹具元件的键槽和 T 型槽的定位尺寸有三种系列:8H7、12H7 和 16H7;螺栓采用 M6、M8、M12 × 1.5 和 M16 × 1.5,构成微型、小型、中型、大型四个系列的槽系组合夹具元件系列。

孔系组合夹具元件之间的定位联接是采用高精度的孔、销定位,螺栓紧固。在航空工业标准中规定定位孔精度为 IT6 级,定位销精度为 IT65、IT6 级。

采用组合夹具可在以下几个方面取得明显的技术经济效果:

1. 加速新产品试制,缩短生产准备期;

2. 节约夹具设计、制造工时和材料,从而降低了产品的制造成本;

3. 保证产品的加工质量,提高新产品试制和小批量生产中工艺装备系数;

4. 可以大量替代工装生产中的二类工具;

5. 为复杂的专用夹具的结构设计提供模拟试验夹具;

6. 为均衡生产或解决急需夹具及处理生产现场夹具的应急问题提供所需的夹具;

7. 节约夹具存放的库存面积。

二、组合夹具的使用范围

组合夹具适用于各个机械制造部门。其广泛性在机械加工中已无所不及,在机床工具、纺织、石油、化工、矿山、冶金、农业、医疗、食品、造纸等机械以及汽车、铁路机车、船舶等制造行业中特别是在军工航空航天产品施工中应用组合夹具均取得了很好的技术经济效果。

组合夹具的适用范围可从以下不同角度来谈:

1. 从产品的批量来看,组合夹具最适于新产品研制、试制、单件和小批量生产。因此,对于产品变化频繁、改型周期短、产品类型多的企业,采用组合夹具最为适宜,能收到组合夹具最显著的经济效益。

2. 从加工工序来看,组合夹具应用极为广泛,它可以方便地组成各类机床使用的夹具,如:钻、铣、车、镗、磨等夹具,也可以组装成装配、检验及焊接夹具。

随着机械加工技术的发展,组合夹具又被列为现代数控机床理想的"柔性夹具"。

3. 从加工精度来看,根据我国多年实践经验总结,一般可以达到下表30-1所列的位置精度:

表30-1 　　　　　　　　　　　　　组合夹具装配精度表

夹具类型	精度项目	精度
车床夹具	两孔间距离	±0.03′
	孔与基准面平行度	100:0.02
	孔与基准面垂直度	100:φ0.02
铣床夹具	斜面的角度	±2′
	面与基准面平行度	100:0.05
	面与基准面垂直度	100:0.05
磨床夹具	斜面的角度	±1′
	面与基准面平行度	100:0.02
	面与基准面垂直度	100:0.02
镗床夹具	两孔间距离	±0.02
	两孔平行度	100:0.01
	两孔垂直度	100:0.01
	两孔同轴度	100:φ0.02
钻床夹具	钻、铰两孔距离	±0.05
	钻、铰两孔垂直度	100:0.05
	钻、铰上、下两孔间同轴度	100:φ0.06
	钻、铰孔与底面垂直度	100:φ0.05
	钻、铰圆周孔孔距	±0.03
	钻、铰圆周孔圆周直径	±0.05
	钻斜孔的角度	±2′

4. 从加工零件的几何形状和尺寸来看,组合夹具一般不受工件形状的限制。由于我国现行使用的组合夹具有大、中、小系列的元件,在航空工业组合夹具标准中又增加了微型系列元件,各系列间设计了过渡元件,使之可混合组装使用,故我国组合夹具现行标准对零件的尺寸有更广泛的适用性。一般20~1000mm 的工件所需夹具都适用于组合夹具组装。

本部分通过对车床组合夹具、铣床组合夹具、钻床组合夹具三部分的组装,使学生掌握组合夹具的组装过程。

三、元件的分类及特性

组合夹具元件按其用途不同,可分为八大类:基础件、支承件、定位件、导向件、压紧件、紧固件、合件和其他件。每一类元件都有其基本用途,但也没有严格的界限,在某种情况下也可以起到其他类元件的作用。

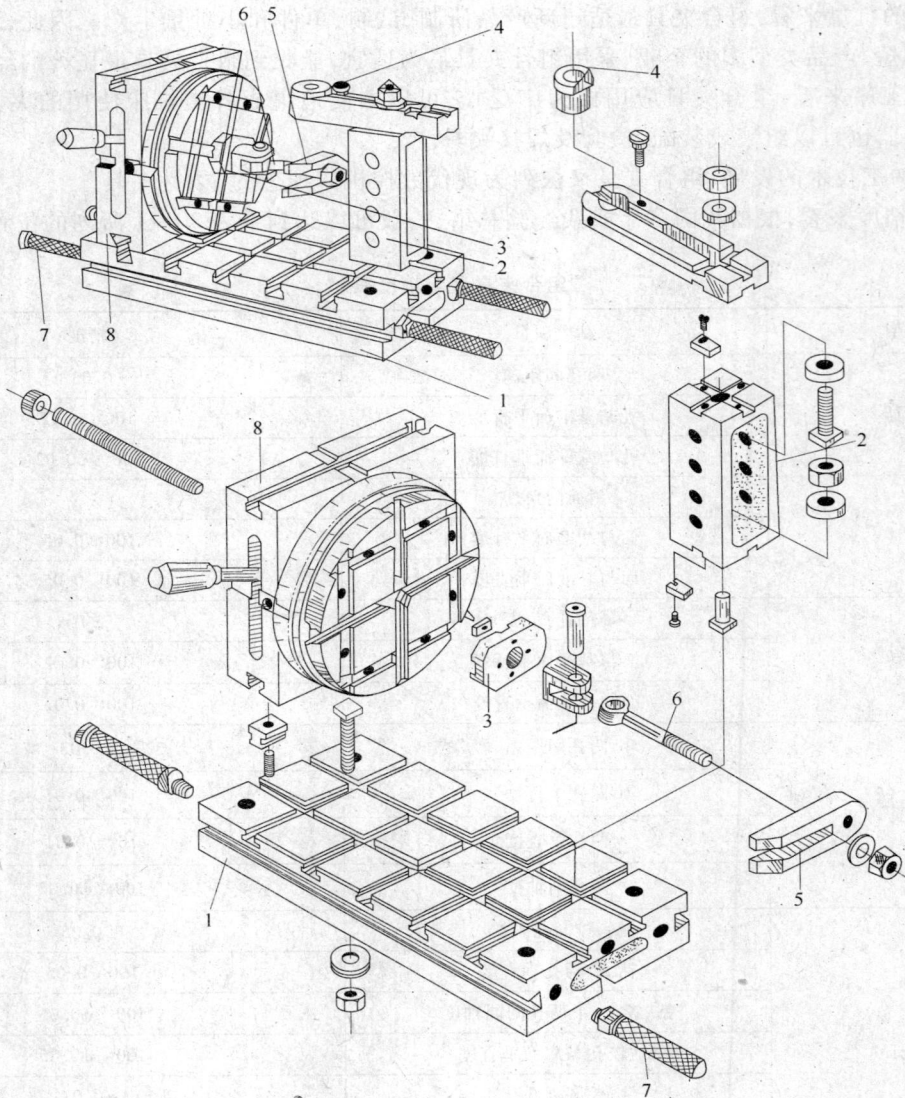

1—基础件　2—支承件　3—定位件　4—导向件　5—夹紧件　6—紧固件　7—其他件　8—合件

图 30-1　盘类零件钻径向分度孔组合夹具

1. 基础件：

基础件是组合夹具中最大的元件如图 30-2 所示，通常用作组装夹具的基础，通过它把其他元件连接在一起，成为一套夹具。图 30-1 中的基础件 1 为长方形基础板作的夹具体。

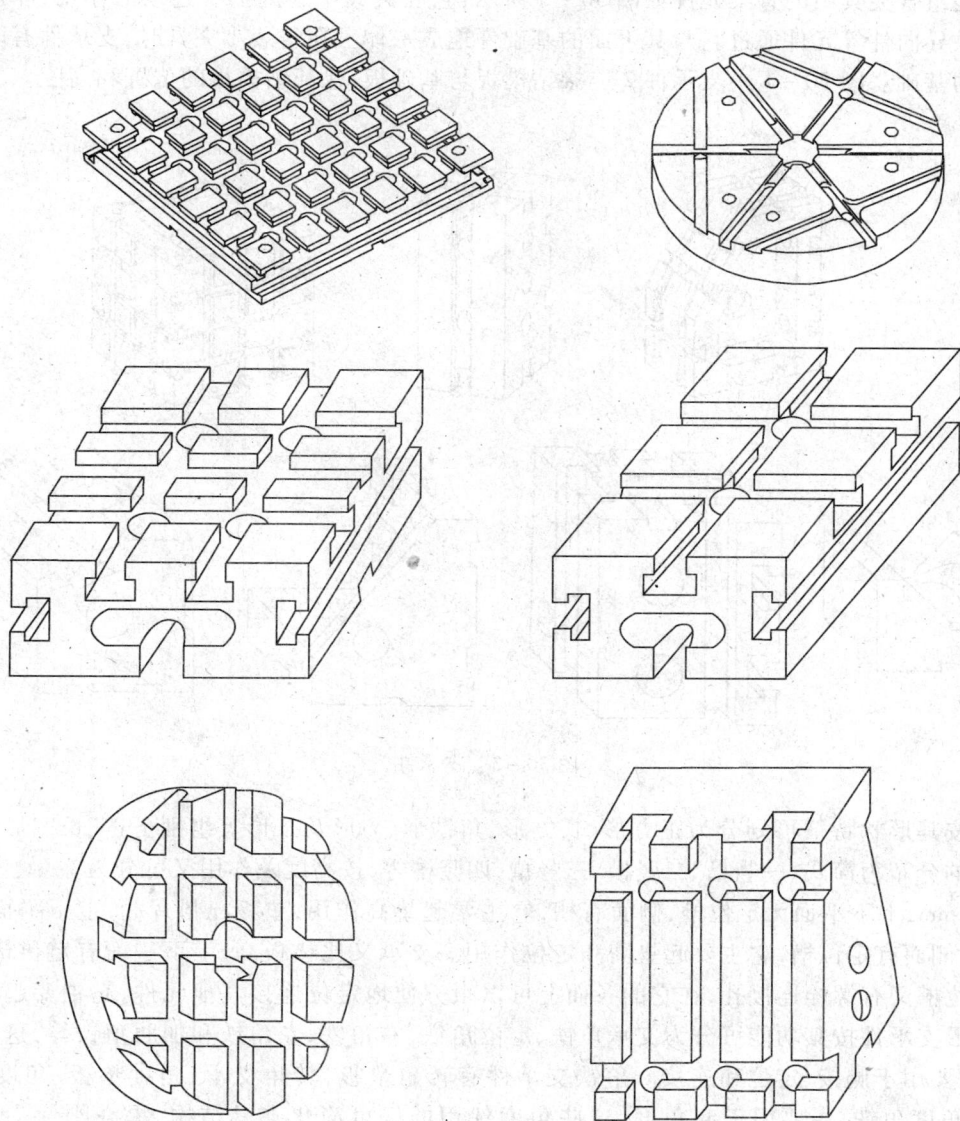

图 30-2　基础件

基础件按其形状特征可划分为正方形、长方形、立体形、圆形、角铁形及条形等组别。正、长方形基础板按结构特征又可分为简式和正常式。按槽的分布密度又可分为正常分布和稀布。按精度特征又可分为普通和精密两种，普通精度的基础件主要用作铣、钻、车、刨、镗等普通机床夹具的基座；而精密定位基础板及近年来新发展的精密立式两面槽基础板，精密基础方箱等都是有很高精度的特点，适应于数控机床及加工中心用托板的各种定位方法的要求，同时也可用于普通机床组装高精度的夹具。圆形基础板按工作面上槽的分布可分为垂直、八等分法向和六等分切向圆基础板。圆基础板除可作为车夹具，内圆磨夹具、外圆磨夹具的夹具体外，还可以分度，可与分度基座、分度盘及定位插销等配合使用组装分度夹具。基础角铁常作为弯板和较强的支承使用。条形基础板可接在正、长方形基础板的侧面。以扩大基础板面积,也可组装成框架结构。为了便于相邻系列元件的组装,在小型系列基础板上设计了 M12×1.5 螺孔,在中型系列基础板上设计了 M16×1.5 螺孔。

2. 支承件:

支承件是组合夹具中的骨架元件如图 30-3 所示,它在夹具中起到上下连接的作用,即把上面的支承件、定位件、导向件等元件通过它与其下面的基础件连成一体。在组装小夹具时,支承件有时代替基础件作为夹具的基础。图 30-1 中支承件 2 连接钻模板与基础板,保证钻模板的位置和高度。

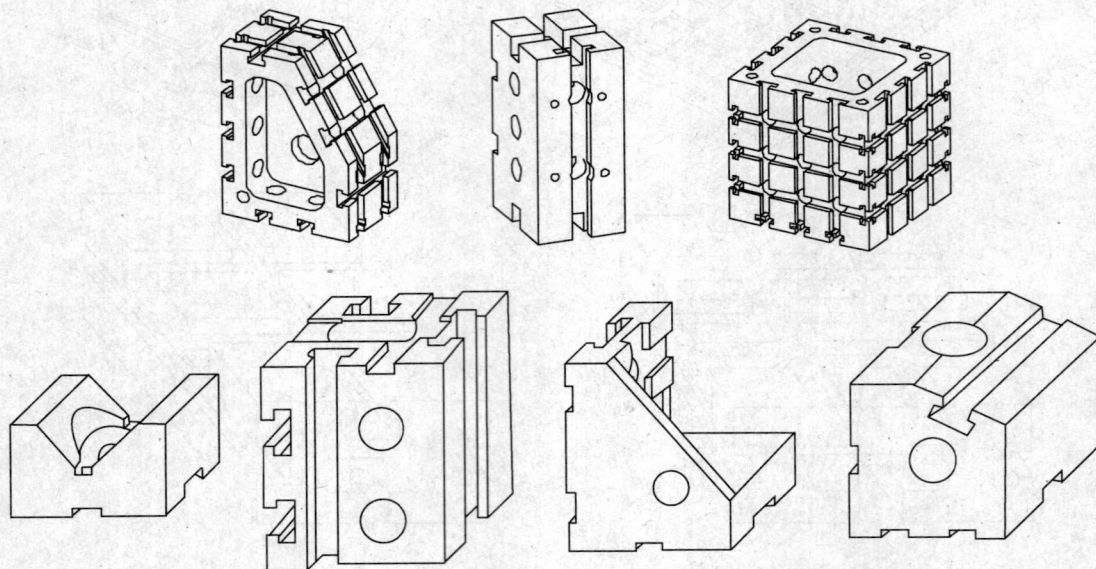

图 30-3 支承件

支承件按其形状特征可划分为正方形、长方形、角铁形、V 形及条形等组别。正、长方形支承件按侧面竖 T 形槽的分布为简式、一竖槽、二竖槽、三竖槽、四竖槽等,按高度及作用又可分为垫片、垫板和支承。垫片高度≤5mm,上下平面无定位槽,侧面有槽,它主要起垫高作用,垫板比垫片高,上下平面有定位槽,但无沉头孔,侧面有定位槽,它主要起垫高和定位作用。支承又比垫板高,上下平面有定位槽及沉头孔,侧面既有定位槽又有螺栓连接孔,在它的各面上可以很方便地定位连接其他元件,它主要起夹具的骨架作用。角铁形支承件按其功能可分为支承角铁、定位角铁、右角铁、左角铁和加肋角铁等,这些角铁相对比支承轻,主要用于侧接、定位和连接。角铁支承件有转角垫板,转角支承、角度垫板、角度支承、右角度角铁及左角度角铁,主要用于起角度,这些角度件用的好可简化夹具结构,提高刚性。V 形支承件主要有 V 形板、带柄 V 形、V 形支承,V 形角铁和滑动 V 形,这些元件的主要功能是 V 形结构的定位作用。条板形支承件主要有长板、宽板和偏心板,这些元件主要起伸长作用,扩大其他元件的使用范围。

3. 定位件:

定位件用于保证夹具中各元件的定位精度和连接强度及整个夹具的可靠性,并用于被加工工件的正确安装和定位。如图 30-1 中的定位件 3 为定位盘,用作工件的定位;钻模板与支承件 2 之间的平键、合件 8 与基础板 1 之间的 T 形键,均用作元件之间的定位。

定位件分为定位键、定位销、盘、定位支承、角度定位件、顶尖、定位轴等组别如图 30-4。定位键有平键、厚键、T 形键、偏心键、过度键等,与元件的键槽、T 形槽配合,用于元件之间定位。定位销、盘包括各种圆柱定位销、菱形定位销和圆形定位盘,定位销一般安装定位支承或其他元件的定位孔中,主要用于被加工工件的定位,也可用于元件之间的定位。定位支承有侧中孔定位支承、侧孔定位支承、端孔定位支承、台阶板和定位板等,这些支承上都有 H7 精度的定位孔,可安装定位销、定位轴、衬套等,并可起支承作用。角度定位件有正方形支座、三面支座、六面支座和定位接头等,支座上都有 H7 精度。较大的定位孔,可以组装定位结构、滑动结构及作镗模使用,支承侧面可组装成角度结构。顶尖、定位轴等元件,可直接用于定位,也可做测量心轴用。

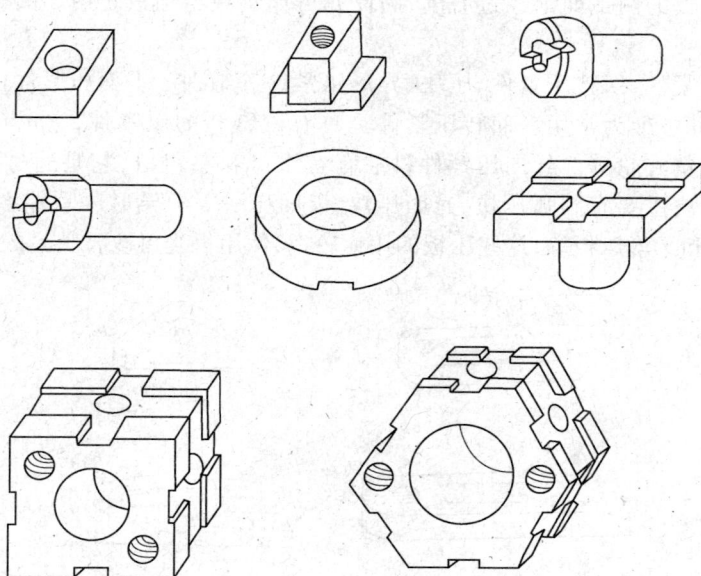

图 30 - 4　定位件

4. 导向件:

导向件用于保证切削刀具的正确位置,加工时起到引导刀具的作用,它主要用于钻、扩、铰、镗及攻丝等工序的夹具。有的导向件可作为工件定位,有的可作为组合夹具系统中元件的导向。图 30 - 1 上的导向件 4 为快换钻套。

导向件分为钻(铰)套、衬套、导向支承、钻模板、异形导向件等组别如图 30 - 5。钻(铰)套引导加工刀具用的导向件,它包括固定钻套、带肩扁钻套、快换钻套等。衬套用于定位孔的过渡,在使用中不与刀刃接触的导向件,它包括圆衬套、带肩衬套、锥套、过度套、弹性套等。导向支承的导向面有槽型(有两个平行平面)和孔型(有两个平行孔),槽型主要用于钻模板导向,孔型主要用于滑动结构导向,它包括正方形导向支承、长方形导向支承、滑动导向支承、偏导向支承等。钻模板为确定钻套中心位置的导向件,它上面都有钻套安装孔,它包括条形、右弯头、左弯头、右立式、左立式、平、开槽、两面槽、沉孔等钻模板。异

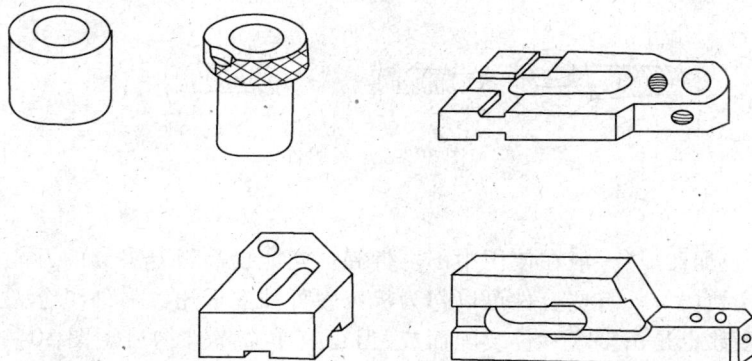

图 30 - 5　导向件

性导向件目前有一字形钻模板、T 字形钻模板和法向钻模板,它们都具有安装多个钻套的钻套槽,主要用于在一条中心线上的多孔、密孔加工。

5. 压紧件:

压紧件主要用于将工件压紧在夹具上,以保证工件定位后的正确位置,并使工件在切削力的作用下保持位置不变。多数压板的两平面都经过磨削,因此亦可作垫块与挡板之用。图 30-1 上的夹紧件 5 为 U 形压板。

压紧件分为平面压紧件,回转压紧件、压块、异形压紧件等组别。平面压紧件主要有平压板和伸长压板,这两种压板在压紧件中最为常用。回转压紧件是具有铰链孔的压紧件,它包括回转压板、摆动压板、铰链压板、偏心轮、叉形偏心轮等。导向压紧件目前有右钳口和左钳口,它是通过 T 形槽导向顶紧工件,可取得低位顶紧点。压块主要有圆弧压块、光面压块、齿面压块等。异形压紧件主要有双头压板、弯头压板、圆形压板、U 形压板和叉形压板等,这些压板的用途较广,使用得当可改善夹具的压紧结构,提高效率。

图 30-6 压紧件

6. 紧固件:

紧固件主要用于连接组合夹具中的各种元件及紧固被加工零件。为了提高夹具的刚性,中型系列的紧固螺栓采用细牙螺纹,使它的连接强度好、紧固可靠、不易松脱。图 30-1 上的紧固件 6 为关节螺栓,用来紧固工件,且各元件之间均用紧固件紧固。

紧固件分为螺栓、螺钉、垫圈、螺母等组别。螺栓组主要有双头螺栓、槽用螺栓、六角头螺栓、关节螺栓、螺孔螺栓、过度螺栓等。螺钉组主要有钻套螺钉、紧定螺钉、圆柱头螺钉、内六角螺钉、圆头螺钉、压紧螺钉、沉头螺钉等。垫圈组主要有平垫圈、球面垫圈、锥面垫圈、快卸垫圈等。螺母组主要有长方形螺母、带肩螺母、六方螺母、圆螺母、压紧螺母、快卸螺母、过度螺母、T 形螺母等。

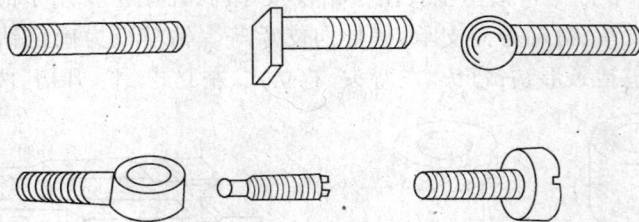

图 30-7 紧固件

7. 合件:

合件由若干零件装配而成,一般在使用中不再拆卸。它能提高组合夹具的万能性,扩大使用范围,加快组装速度,简化夹具结构等。有些合件可以作为机床附件独立适用。另外组合夹具的组装工具也编入合件类,这些工具大多数也是由多个零件装配而成,但也有单个零件构成。图 30-1 上的合件 8 为端齿分度盘。

合件分为分度合件、基础合件、支承合件、定位合件、导向合件、压紧合件、紧固合件、组装工具等组

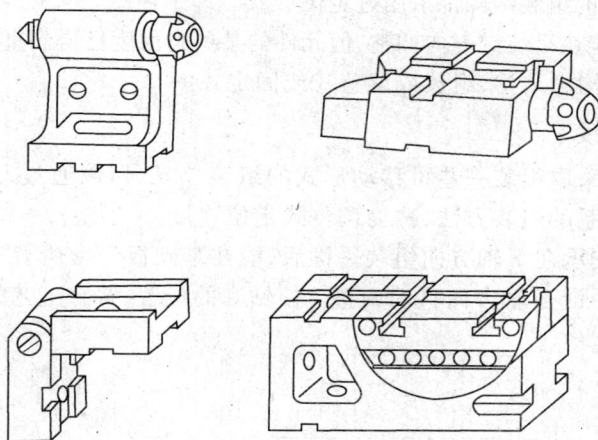

图 30-8　合件

别。分度合件有端齿分度台、分度基座、分度盘等。基础合件有基座、支座、钻模体、顶尖座等。支承合件有基面支承、高度支承、旋转支承等。定位合件有定位插销、两点定位器、内孔定位器、外圆定位器、V 形定位器、条板定位器等。导向合件有折合板导向支座。压紧合件有单向压紧器、双向压紧器、定位夹紧器、侧向顶紧器、斜向压紧器、可调压紧器等。紧固合件有压板支座、弹簧支座、回转接头、关节耳环座、关节叉环座等。组装工具有静平衡架、各种扳手和拨杆等。

8. 其他件：

其他件主要作为夹具的辅助元件使用，虽然这类元件大多数结构比较简单，但充分利用好这些元件，可以改善夹具的结构，提高夹具的工作效率。其他元件分为板状型、支承型、回转型等组别。板状型元件主要有连接板、回转板、平衡块等。支承型元件主要有垫规、三爪支承、支承环、支腿、连接杆、支承钉、支承帽等。回转型元件主要有弓形夹、直手柄、球头手柄、开口销、压力弹簧、球头等。图 30-1 上的其他件 7 为手柄。

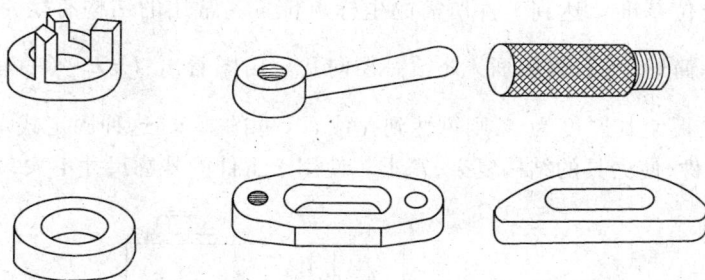

图 30-9　其他件

实验 31　槽系组合夹具元件的定位连接实验

一、槽系组合夹具元件的定位

组合夹具元件之间要保证正确的位置关系，必须按六点定位原理进行定位。由于组合夹具的十字键槽制造精度高，组装键后轻轻敲击就能将支承与支承，支承与基础板配合，而且能消除一定的元件制造误差。所以组合夹具元件之间的组装结构都采用过定位形式。即平面结合三点定位，一键槽两端组装平键相当四点定位，虽然这时元件能在沿装键方向调整，但元件的某些自由度已得到重复限制，也就产生过定位。

在组装夹具时，应根据构思结构，组装成调整式或固定式。

（一）调整式定位连接

在元件的定位连接中，采取组装一些可移动形式的组装单元，用以通过元件间的相对移动来实现调整，改变它们相互的位置关系的组装方法，称为调整式定位连接。

图 31－1 所示为导向支承在 Y 轴方向组装平键后，能在基础板 T 形槽沿 Y 方向移动调整。钻模板在导向支承 Z421205 导向槽中沿 X 轴方向移动调整。使钻套的位置，符合工艺的要求。

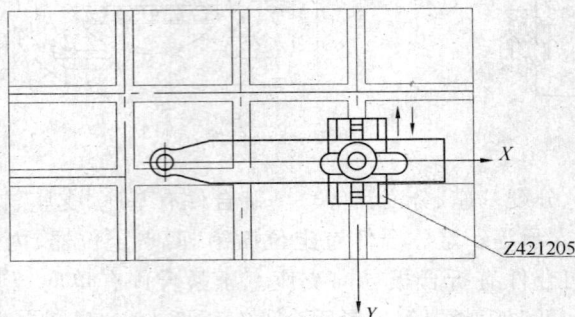

图 31－1　调整式定位连接

（二）固定式定位连接

固定式定位连接的特点是：

元件间采取十字键连接，调整的尺寸是靠元件间的尺寸组合来达到，采用紧固螺母所产生的摩擦力来保持这一尺寸。

采用固定式定位连接，在实际中，直接选用元件的结构尺寸达到工件加工面的位置要求概率较小，常采用其他元件来过渡定位基准。达到工件所需的坐标点位置。常用的结构有填、拉、挡等组合形式。

图 31－2 所示为一筒形工件，离端面 l 处钻一径向孔。由图看出：$l = L - (\dfrac{B}{2} + A)$，采用填的方法，在支承侧面组装垫片与垫板使其厚度为 A，则可达到孔位 l 尺寸的要求，这种固定式定位，夹具稳定可靠。由于组装要增加一部分元件，使夹具的结构复杂，笨重。使用于工件的外廓尺寸不大，并比较规则时采用。

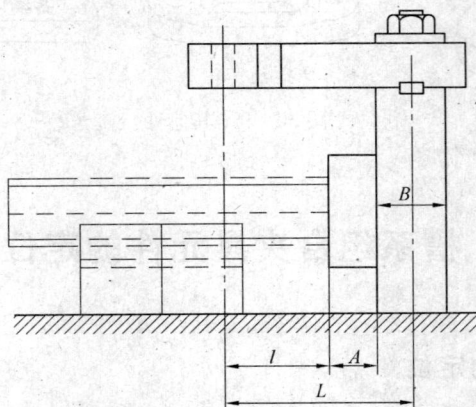

图 31－2　固定式定位

（三）不同型别元件的定位连接

应用不同型别的元件结合组装，可以解决如下问题：

1. 减轻夹具重量：

工件适合大型元件组装，但结构较笨重，为了减轻夹具重量，采用在大型元件上组装中小型元件，使夹具轻巧，使用方便。常用于导向结构。

2. 面积合理布局：

工件定位后，需加工多孔，组装导向件的支承在基础板上无法布局，采用换大基础板，夹具结构太大。采用分几套组装，被加工孔位置不易保证。采用小型别元件组装，就不用加大基础板。

3. 狭窄处组装导向件：

在工件形状狭窄的部位钻孔，用大型别钻模板达不到坐标点，采取提高钻模板的位置，影响导向的准确性。采用小型别的钻模板，就可以伸进狭缝中，达到被加工孔的坐标点要求，使一些工件由于结构要求，钻模板伸不进去的，用小型元件就可以解决。

图 31 - 3 所示为常见的一种工件，需要在腰部凸缘上钻孔，夹具由中型元件组装。由于尺寸 C 较小，选用小型导向件，保证坐标位置要求。

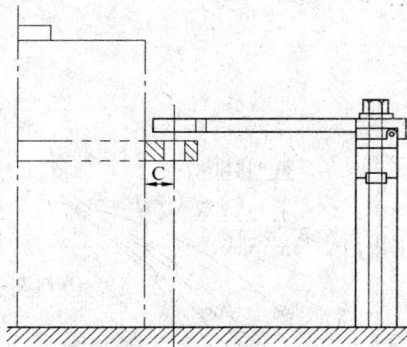

图 31 - 3　提高钻模板的位置

4. 定位定向键的组装：

工件的定位定向结构太大，或产生干扰时，采用小型别元件，使夹具结构紧凑、轻巧。

5. 灵活组装夹紧结构：

可以根据所需夹紧力大小及空间位置等因素，灵活选用不同型别的夹紧元件。

几种型别的元件组装，由于元件的结构要素不同，在元件间的定位与紧固，必须使用过渡元件来定位连接。

航空标准中，选用的过渡元件有：过渡平键、过渡螺栓、过渡螺母、过渡长方螺母，快卸过渡螺母，过渡连接杆、过渡垫板等。

实验 32　　组合夹具元件定位连接刚性实验

一、组合夹具的受力变形

组合夹具的组装结构千变万化，这里以最简单的典型结构支承件与基础板连接成的基本组装单元为例，图 32 - 1 所示为 $60 \times 60 \times 120$ 的方型支承通过基础板的通孔用螺栓连接在 $240 \times 240 \times 60$ 方型基础板上,螺栓紧固力为14400N,基础板四角用4块压板固定在平台上,在支承上端沿 x 轴方向施加外力 F,力的大小由测力环2读出。

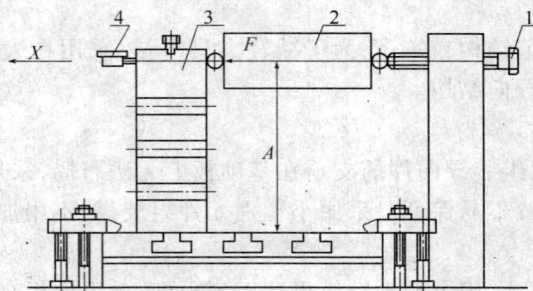

1—加力螺栓　2—测力环　3—支承件　4—千分表

图 32 - 1　组合夹具的受力测量

相对于外力的作用点,在支承另一侧上端安放千分表,测量支承上端在 x 方向上的位移。改变 F 力的大小,读出相应位移量 x 绘成图形,就得到支承与基础板组合的基本组装单元的静变图形。如图 32 - 2 所示。

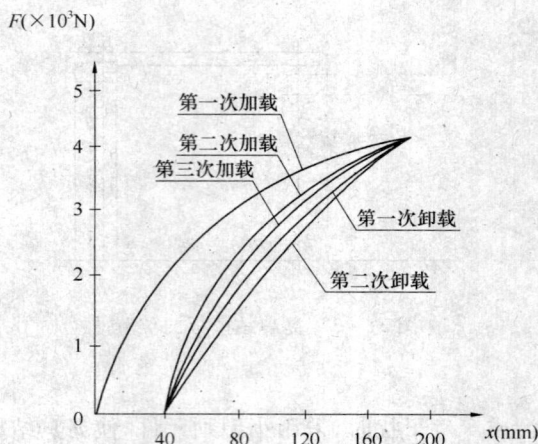

图 32 - 2　基本组装单元的静变形曲线

由图可知:

1. 支承与基础板的连接,在外力作用下,会发生明显的变形,其变形量随外力增大而增大。

2. 第一次加载并卸载后曲线没有回到零点,这说明支承件与基础件发生了相对位移,(实际测量表明基础板没有移动),这种移动主要是由于键与键槽之间存在着间隙所引起的,第二次,第三次加载并卸载后,曲线基本上回到了加载前的位置,这说明第一次加载后,键与键槽之间的间隙已经消除。

3. 每次加载和卸载曲线之间所围的面积大小表示在加载和卸载过程中外力所做的功,在重复加载的情况下,外力作功主要是使夹具元件发生弹性变形,即克服材料的内摩擦而消耗能量。在初次加载时,外力除了要克服材料内摩擦而作功外,由于元件之间发生了相对位移,所以还要克服元件与元件之间的外摩擦而作功,因此所围面积较重复加载时明显地大。

4. 仔细观察重复加载曲线,可以发现曲线大体上可以分两部分,在外力较小的情况下,曲线近似为直线,而在外力较大时,曲线呈现出明显的非线性。

二、受力变形分析

基本组装单元的受力变形是由几个变形环节的变形迭加而成,其主要的变形环节有:

1. 基础板变形 X_B;

2. 支承件的变形(包括夹紧螺栓的变形在内)X_E;

3. 支承与基础板结合面的接触变形 X_J;

4. 支承与基础板结合部的切向变形(包括结合面的切向接触变形以及键与键槽的接触变形和局部的弹性变形等)X_T。

图 32 - 3 所示为各变形环节所引起的支承上端位移的示意图。

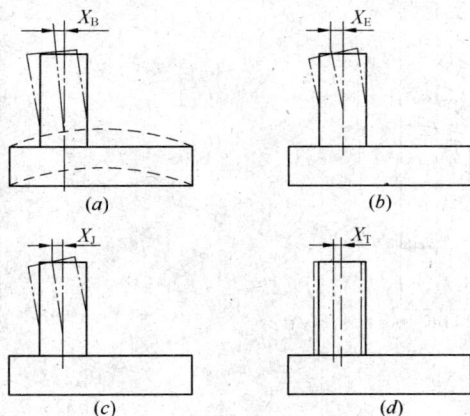

图 32 - 3 各变形环节所引起位移的示意图

图 32 - 4 所示为静变形分解曲线,由图可知,基础板与支承件的变形与外力成线性关系,说明两者的变形主要是弹性变形。切向变形虽然为非线性,但数值很小,对总变形影响不大。而结合面的接触变形则与总变形相似,也呈现"线性——非线性"的变化。事实上,这种"线性——非线性"关系,正是由于结合面接触变形的关系所决定的。

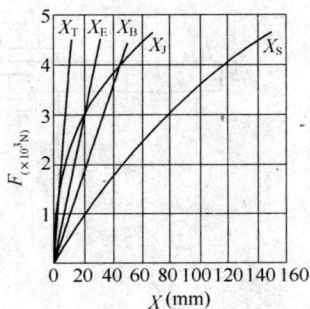

图 32 - 4 静变形分解

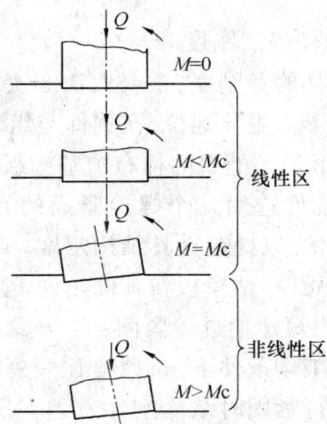

图 32 - 5 结合面变形示意图

当外力矩增大到一定值时,即由外力矩引起的结合面上的最大拉应力,正好等于螺栓紧固所引起的结合面上的压应力时,结合面由应力等于零的一侧开始部分脱开。结合面的部分脱开使得结合面的接触面积减小,从而使接触变形急剧加大;同时结合面的部分脱开,也使连接螺栓伸长,螺栓的伸长又造成夹紧力的增加。两者的综合作用造成了接触变形出现非线性的变化。

图 32 – 5 所示为结合面脱开过程的示意图,其中 *Mc* 表示静变形曲线线性段与非线性段交点所对应的外力矩的临界值。

三、螺栓紧固力对变形的影响

使用实验装置图 32 – 6 进行实验,改变螺栓紧固力 *Q* 测得静变形曲线,如图 32 – 6 所示,由图可知,螺栓紧固力对静刚度影响很大,这种影响主要是通过紧固力对结合面的接触变形来起作用。

图 32 – 7 所示为紧固力作用下,结合面接触变形的曲线。

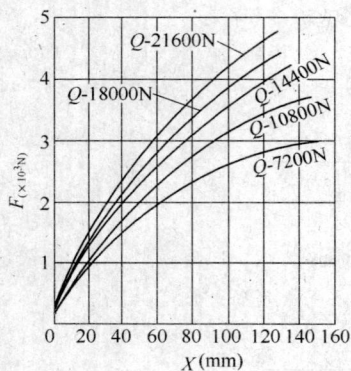

图 32 – 6　静变形曲线

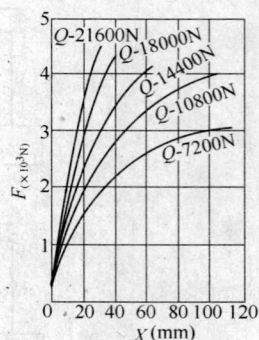

图 32 – 7　紧固力对接触变形的影响

四、提高组合夹具静刚度的方法

由于组合夹具刚性不足,在外力作用下,引起变形或位移,破坏工件相对于刀具的正确位置,造成加工误差。在交变力作用时,又会产生振动,影响加工精度和表面粗糙度,使切削条件恶化,加速刀具磨损等。因此对受外力较大,刚性不足的夹具应设法提高结构的刚度,减小静变形,其主要方法为:

1. 从选件提高刚度

组合夹具的静刚度,主要取决于夹具元件的刚度,基础板与支承件的变形占主导地位,在选件与组装时,应选刚度好的元件。

(1)选用 T 形槽少的稀布槽基础板。

(2)支承件选用几个螺栓紧固的元件,在必要时,选用基础角铁作支承用,以提高夹具结构刚度。图 32 – 8 所示为选用基础角铁作支高元件,钻模板在基础角铁上组装,提高钻模结构刚度。

(3)选用短螺栓进行紧固:

在相同工作条件下,长螺栓比短螺栓的弹性变形量大,因此用长螺栓进行紧固时结构刚性较差。所以在组装刚性要求较高的夹具时,尽量用短螺栓进行紧固,图 32 – 9 所示为两种支承支高形式,(*b*)图的刚度大于(*a*)图的刚度。

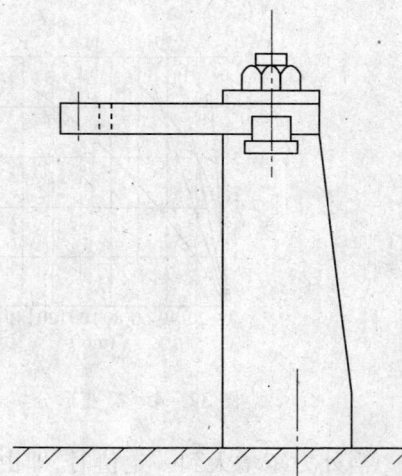

图 32 – 8　基础角铁作支高元件

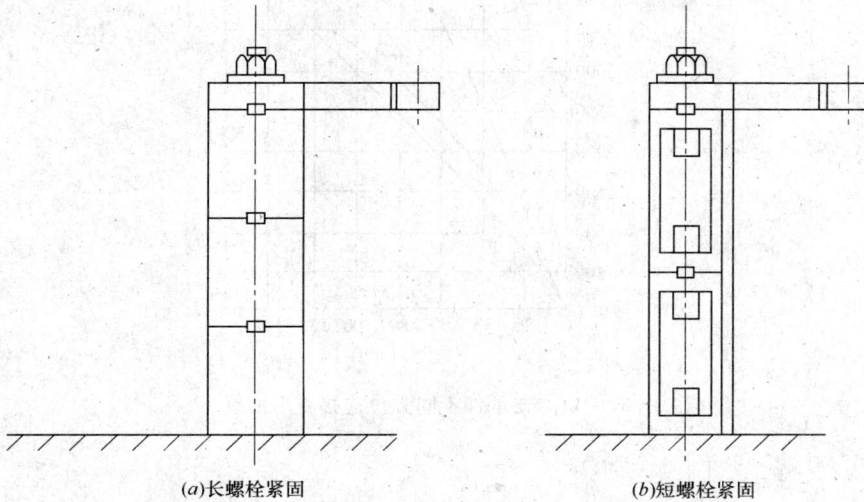

(a)长螺栓紧固　　　　　　　　　(b)短螺栓紧固

图 32 - 9　支高形式

（4）选用大型别的螺栓过渡件,如螺孔板、回转板等过渡。

2. 从组装提高刚度

在组装工件中,不但要正确地选择元件,而且还要正确使用元件,从组装提高夹具刚度。

（1）使用长方形支承时,其安装方位不同,刚度相差甚多。

图 32 - 10 所示为 $60 \times 90 \times 120$ 长方形支承与 $240 \times 240 \times 60$ 基础板连接示例,在力 F 作用下,表中的读数与力的关系可绘出曲线。如图 32 - 11 所示。

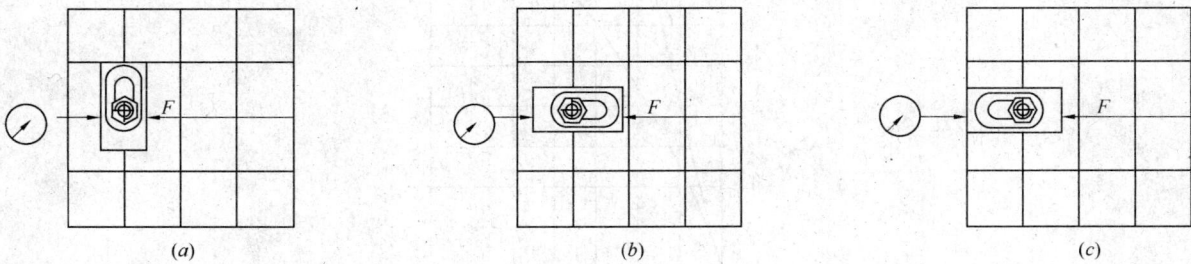

(a)　　　　　　　　　　(b)　　　　　　　　　　(c)

图 32 - 10　支承不同方位连接测试图

由图可知,长方形支承纵放的刚度要比横放的刚度大得多,而纵放时螺栓最好安装在支承通孔的受力端。对于有槽和竖槽的支承,应尽可能使竖槽安放在受力方向上。

（2）组装龙门式结构：

龙门式结构由于形成封闭形式,可以提高夹具的结构刚度,在不同的受力方向,该结构的刚度也不相同。

图 32 - 12 所示为龙门式结构的两种受力形式,在龙门结构(a)与(b)两种位置受外力作用时,结构变形曲线见图 32 - 13 所示,由图可知,在龙门结构不同方向受力,其刚度相差一倍之多。该结构在纵向上刚度很高,而横向刚度较差。

（3）组装"内力"夹紧结构：

夹具定位元件在受外力作用时,易产生变形与位移,在受力较大的夹紧结构中,将夹紧螺栓从定位结构中伸出,成为"内力"夹紧,使定位结构与基础板之间,不受外力作用,使工件定位面在夹紧时不产生位

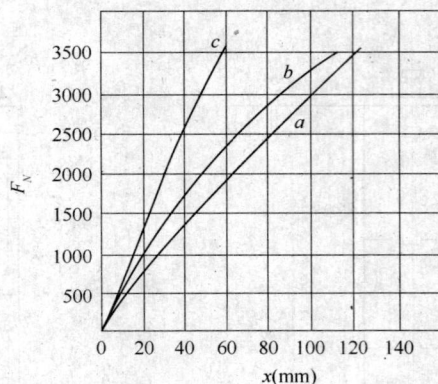

图 32 - 11　支承件不同方位连接变形曲线

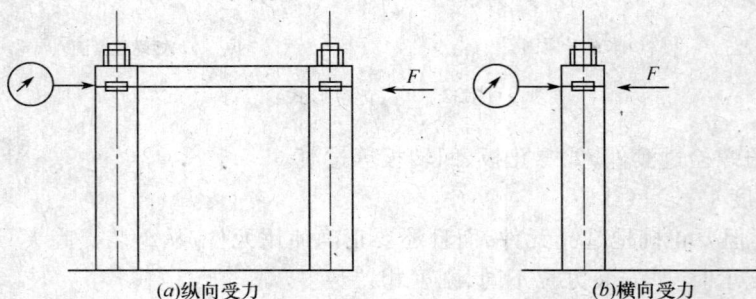

(a)纵向受力　　　　　　　(b)横向受力

图 32 - 12　龙门式结构的两种受力形式

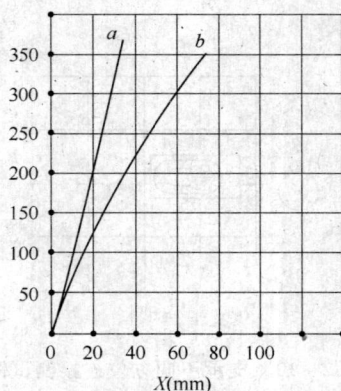

图 32 - 13　结构变形曲线

移。图 32 - 14 所示为工件定位结构的受力与受"内力"的两种示例。

（a）图为受外力夹紧示例,夹紧力通过工件作用在由支承角铁,支承和圆基础板所构成的组装单元上,由于基础板产生较大变形,以及各支承件的接触变形,因而会使工件定位面发生较大位移,是不合理的夹紧结构。

（b）图为受"内力"夹紧示例,工件夹紧螺栓是从定位支承中引出,通过压板,工件,支承角铁和螺栓使夹紧力封闭起来,从而使基础板支承件基本上处于不受力状态。

3.局部加固提高刚度

加强局部刚度的结构形式多种多样,概括起来可采用夹、拉、顶、压、垫、联等措施加固,加支撑点、加支靠面,利用角向定位等多种方法,根据夹具的具体结构形式,分别采用不同的方法予以加强。

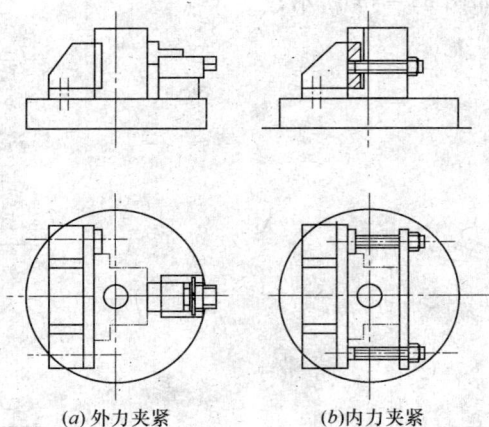

(a) 外力夹紧　　　(b) 内力夹紧

图 32 - 14　定位结构受力与受"内力"形式

从夹具元件分,一般须加强基础件,支承件,导向件等。

(1)基础板加固

基础板在受力变形较大时,应在受力方向局部加固,使受力变形减少,加固的形式要根据工件定位情况决定。

图 32 - 15 所示为基础板加固的三种示例。

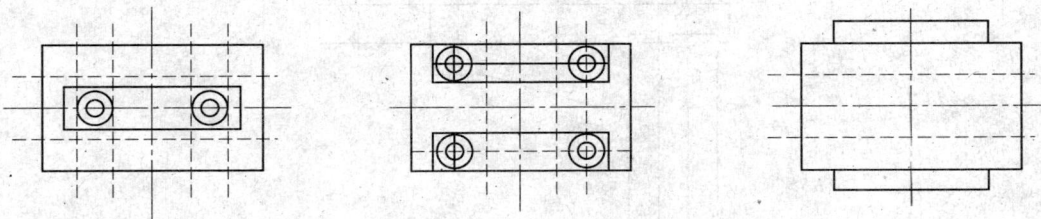

图 32 - 15　基础板加固

(2)支承件加固

一般组装支承结构较高时,则刚度不足,应采取加固措施。

图 32 - 16 所示为加强支承件刚度的几种结构形式。

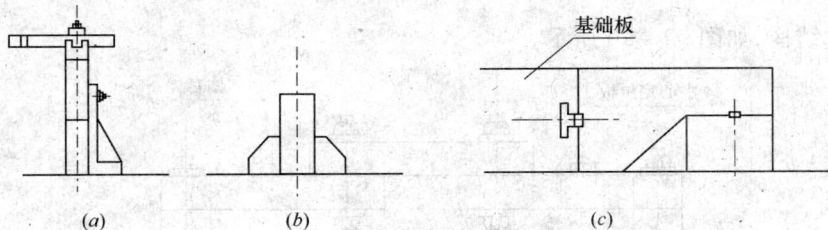

图 32 - 16　加强支承件刚度结构

(a)图为采用角铁支承加固;

(b)图为采用带肋角铁加固;

(c)图为采用垫支承件加固。

(3)钻模板加固

钻模板伸得太长时,在切削工件时会产生摆动,应对钻模板增加加固结构。

①在钻模板头部用螺钉顶,如图 32 – 17 所示;

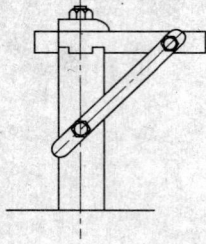

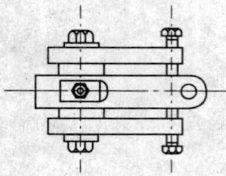

图 32 – 17　钻模板加固

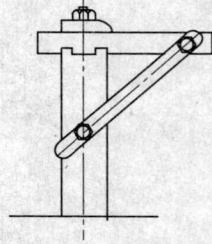

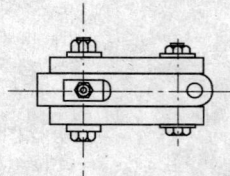

图 32 – 18　钻模板两侧螺孔紧固连接板

②利用钻模板两侧螺孔紧固连接板。图 32 – 18 所示;

③增加钻模板的支撑面积。如图 32 – 19 所示;

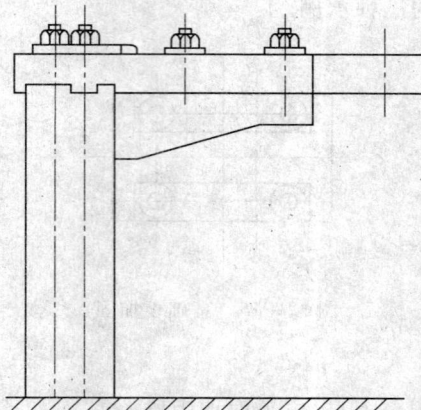

图 32 – 19　增加钻模板的支撑面积

④采用龙门式结构,如图 32 – 20 所示。

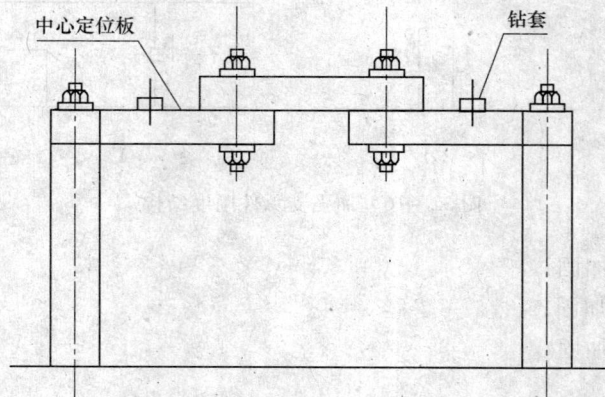

图 32 – 20　龙门式结构

实验 33　基本尺寸的定位连接实验

平面,键槽或 T 形槽和精度孔是组合夹具元件的三个基本几何要素。组装工件定位结构与导向结构时,利用元件本身的尺寸,通过平面与十字键得到完全的定位。使元件间的各种面,槽和孔之间的位置尺寸关系完全确定。

一、直线尺寸的定位连接

1. 直接选件定位连接:

根据基础板的槽距,支承件的截面尺寸,钻模板孔至槽的尺寸,直接组装而成的钻模。工件在定位后,钻模板尺寸不用调整就能保证被加工尺寸。

图 33 - 1 所示为通过元件尺寸的选择,组装的夹具不需要调整尺寸而直接保证工件定位面至孔中心尺寸 15mm 与孔距 135mm。

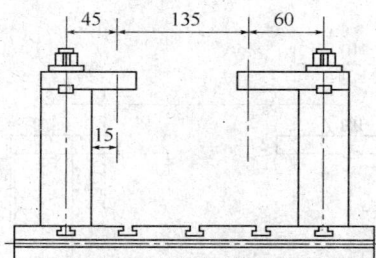

图 33 - 1　选择元件尺寸组装

图 33 - 2 所示为四点定圆结构,作工件定位用,选用钻模板槽与孔距为 20mm,基础板两定位槽之间距为 120mm,则两钻模板定位孔直线距离为 80mm,选用直径为 12mm 的圆柱销,则得到 $\phi 92mm$ 内孔的组合定位销。

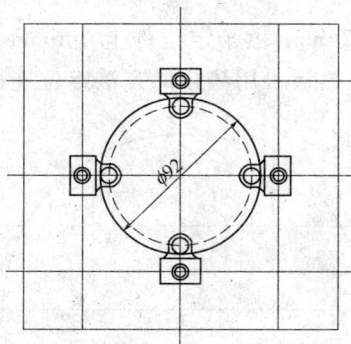

图 33 - 2　四点定圆结构

2. 加垫定位连接:

当工件定位与钻模板孔与槽之间尺寸不协调时,可以采用加垫的方法达到定位尺寸。

图 33 - 3 所示为工件定位面至孔中心尺寸 38mm,采取加垫厚度为 22mm 的垫板来保证工件定位与加工尺寸的要求。

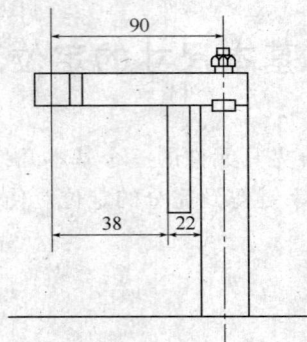

图 33 – 3　加垫定位连接

3. 拉、挡定位连接：

在元件不能在十字槽定位连接时，可以沿 T 形槽采用拉、挡法实现定位连接。

图 33 – 4 所示为保证工件定位面与孔中心距 12.5mm、孔距 157.5mm 尺寸采取的拉、挡定位连接方法的组装结构。

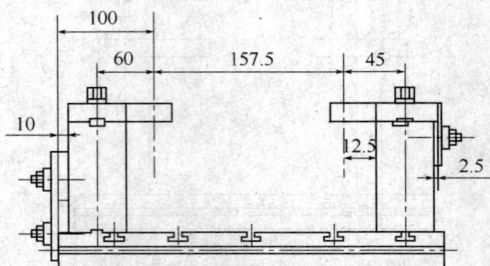

图 33 – 4　拉、挡定位连接

经选件后，左边采取垫 10mm 垫板再拉紧，而在右边则垫 2.5mm 垫片后再用压板阻挡钻模板来保证上述的尺寸要求。

4. 拉、垫定位连接：

图 33 – 5 所示工件要求中心高为 24mm，由于定位件上垫 6mm 垫片无法直接固定，本例是采用支承固定在圆基础板两边的十字槽中，通过挡板再用垫拉的方法定位连接。

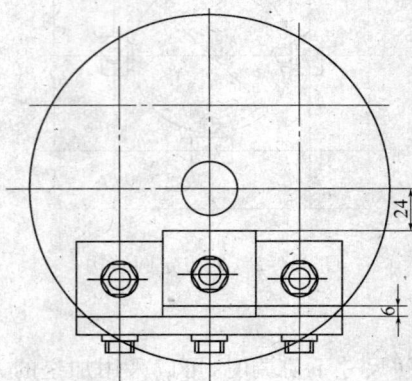

图 33 – 5　挡板、垫拉的方法定位连接

二、V 形的定位连接

V 形是圆柱形工件常用的定位结构,V 形支承类由于受尺寸与结构的限制,必须利用组合夹具各种不同元件的连接,组装成各种不同的结构,才能满足工件的定位要求。特别是直径尺寸较大的工件,必须采取组装的方法,才能获得合适的结构。

1. 角度支承组装 V 形件

采用各种规格的角度支承与伸长板连接,可以组装成多种 V 形。

图 33 - 6 所示为选用 45°角度支承组装成 90°V 形的示例。

2. 转角支承组装 V 形件

采用各种规格的转角支承,与支承或基础板连接,可以组装成各种角度 V 形,图 33 - 7 所示为选用 45°转角支承组装 90°V 形的示例。

3. 左右 V 形角铁组装 V 形件

采用左右 V 形角铁与伸长板或基础板连接可以组装成 V 形件,图 33 - 8 所示为左右 V 形角铁组装的 V 形件示例。

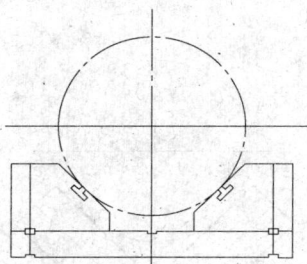

图 33 - 6　角度支承组装

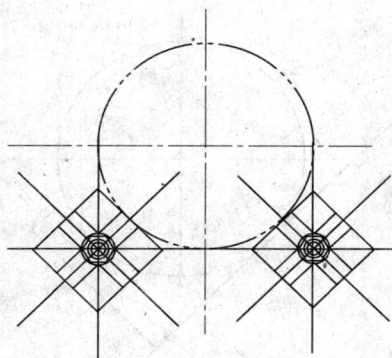

图 33 - 7　45°转角支承组装

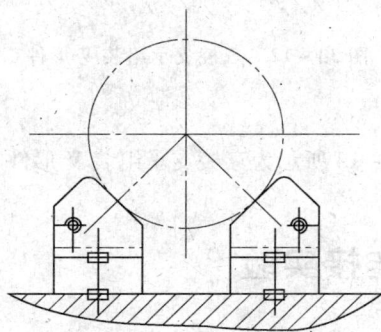

图 33 - 8　V 形角铁与伸长板组装

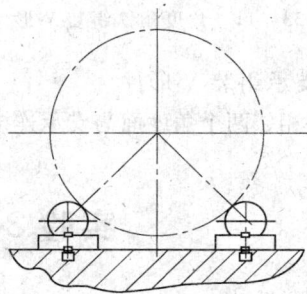

图 33 - 9　切边轴组装的 V 形件

4. 切边轴组装 V 形件

采用切边轴或加垫支承、垫板等,与伸长或基础板连接,可以组成 V 形件,图 33 - 9 所示为切边轴组装的 V 形件示例。

5. 定位盘组装 V 形件

将定位盘组装在基础板的十字槽或 T 形槽中就成 V 形,图 33 - 10 所示为定位盘组装 V 形的示例。

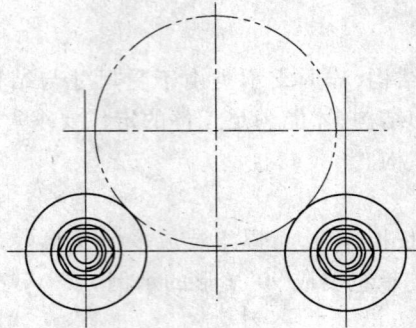

图 33 – 10　定位盘组装 V 形件

6. 角度角铁支承组装 V 形件

各种规格的角度角铁支承,都可以支承连接后组装成 V 形件。图 33 – 11 所示为角度角铁支承组装 V 形件的示例。

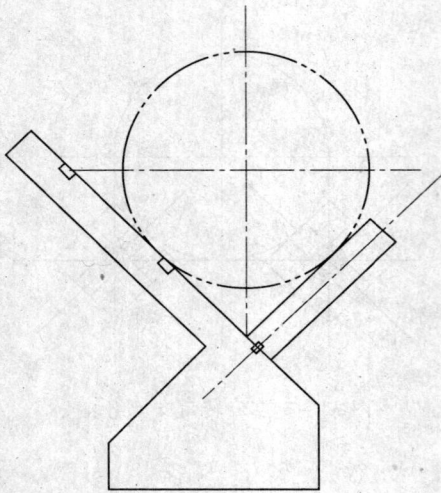

图 33 – 11　角度角铁组装 V 形件

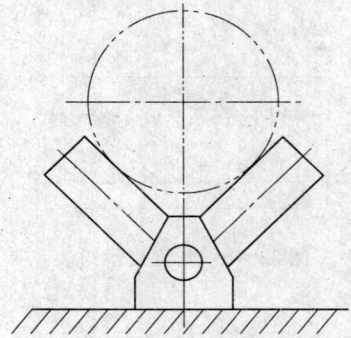

图 33 – 12　三棱支承组装 V 形件

7. 三棱支承组装 V 形件

利用三棱相邻两个角度面与支承连接即可成为 V 形件。图 33 – 12 所示为三棱支承组装 V 形件的示例。

实验 34　角度的定位连接实验

一般精度工件,在切削力不大时扳角度夹具,常组装成调整式,对于切削力较大,或工件加工精度要求较高时,应组装成固定式。

组装固定式的扳角度夹具,应在试装后进行简单的计算。

一、角度支承组装角度定位结构

选用两个或四个同角度支承,用支承连接计算高度 H,图 34 – 1 所示为选用两个角度支承的连接示例。

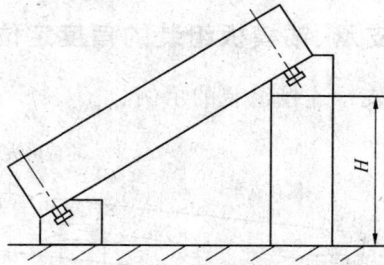

图 34 - 1　角度支承组装

二、键槽折合板组装角度定位结构

采用两个或四个键槽折合板,按计算尺寸 H 高度连接支承。

图 34 - 2 所示为两块折合板组装的连接示例。

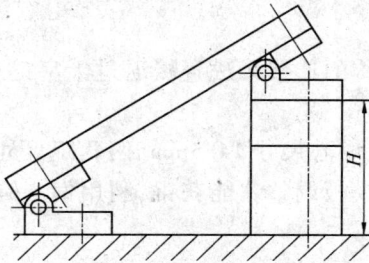

图 34 - 2　键槽折合板组装角度

三、回转支承、转角支承组装角度定位结构

图 34 - 3 所示为采用回转支承连接的组装示例。

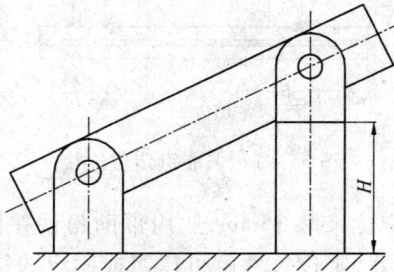

图 34 - 3　回转支承、转角支承组装角度

四、回转支架组装角度定位结构

图 34 - 4 所示为采用两个回转支架连接组装的示例。

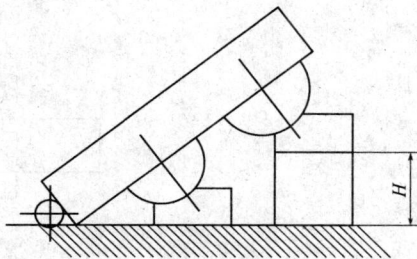

图 34 - 4　回转支架组装角度

五、定位接头、台阶板、侧孔支承、钻模板组装的角度定位结构

图 34－5 所示为定位接头,侧孔支承连接组装的示例。

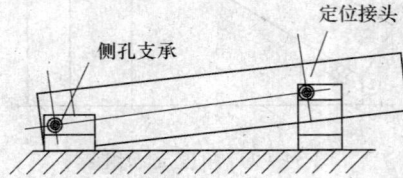

图 34－5　定位接头、台阶板、侧孔支承、钻模板组装的角度

实验 35　偏心键定位连接实验

在组装夹具过程中,一些定位结构的连接无法直接通过十字键连接时,采取偏心键定位连接可提高夹具结构的稳定性。简化夹具结构。

图 35－1 所示为工件定位面至孔中心尺寸 14.5mm,两孔距尺寸为 95.5mm,采用固定组装需加大槽距加垫定位,孔距尺寸必须用一块钻模板调整才能获得,利用偏心键连接组装的夹具,结构简单,尺寸不用调整而稳定可靠。

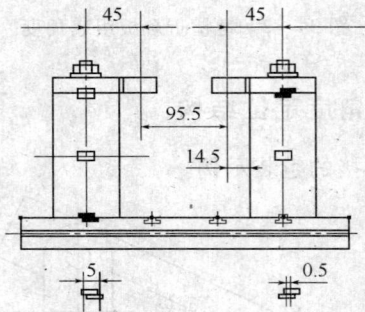

图 35－1　偏心键定位连接

图 35－2 所示为车床夹具要求定位尺寸 35mm,选用带助角铁在圆盘上沿 T 形槽调整可组成调整式结构。而选用偏心 5mm 的偏心键组装,定位尺寸就可以组成固定式结构。

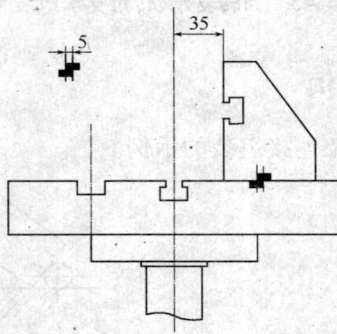

图 35－2　车床偏心键定位连接

组合夹具的组装与检测

实验 36　组合夹具的组装原理实验

组合夹具的组装是将分散的组合夹具元件按照一定的原则和方法组装成为加工所需要的各种夹具的过程。

图 30-1 所示为选用组合夹具各类元件所组装的夹具示例。

组合夹具的组装本质上与设计和制造一套专用夹具相同，也是一个设计（构思）和制造（组装）的过程。但是在具体的实施过程中，又有自己的特点和规律。本节主要阐述组合夹具的基本组装原理，组装技能及组装过程。

一、组装步骤

（一）熟悉技术资料

组装人员在组装前，必须掌握有关该工件加工的各种原始资料，如工件图纸，工艺技术要求，工艺规程等。

1. 工件：

（1）工件的材料：不同材料具有不同的切削性能与切削力；

（2）加工部位加工方法：以便选用相应的元件；

（3）工件形状及轮廓尺寸：以确定选用元件型号与规格；

（4）加工精度与技术要求：以便优选元件；

（5）定位基准及工序尺寸：以便选择定位方案及调整；

（6）前后工序的要求：研究夹具与工序间的协调；

（7）加工批量及生产率要求：确定夹具的结构方案。

2. 机床及刀具：

（1）机床型号及主要技术参数：如机床主轴，工作台的安装尺寸，加工方式等；

（2）可供使用刀具的种类、规格和特点；

（3）刀具与机床所要求配合尺寸。

3. 夹具使用部门：

（1）使用部门的现场条件；

（2）操作工人的技术水平。

（二）构思结构方案

1. 局部结构构思：

（1）根据工艺要求拟定定位方案和定位结构；

（2）夹具的夹紧方案和夹紧结构；

（3）确定有特殊要求方案。

2. 整体结构构思：

（1）根据工艺要求拟定基本结构形式，确定采用调整式或固定形式等；

（2）局部结构与整体结构的协调；

（3）有关尺寸的计算分析，包括工序尺寸，夹具结构尺寸，角度及精度分析，受力情况分析等；

（4）选用元件品种；

（5）确定调整与测量方法。

（三）试装结构

根据构思方案，用元件摆出结构，以验证试装方案是否能满足工件加工要求。

1. 工件的定位夹紧是否理可靠；

2. 夹具与使用刀具是否协调；

3. 夹具结构是否轻巧、简单，装卸工件是否方便；

4. 夹具的刚性能否保证安全操作；

5. 夹具在机床上安装对刀是否顺利。

（四）确定组装方案

针对试装时可能出现的问题，采取相应的修改措施，有时甚至需要将方案重新拟定，重新试装，直到满足工件加工的各项技术要求，方案才算最后确定。

（五）选择元件，组装、调整与固定

方案确定后，即可着手组装、调整工作，一般组装顺序是：基础部分——定位部分——导向部分——压紧部分。按照此顺序，在元件结合的位置上组装一定数量的定位键，用螺栓、螺母组装在一起。在组装过程中，对有关尺寸时行调整。组装与调整交替进行。每次调整好的局部结构，都要及时紧固。

组合夹具的尺寸调整工作十分重要，调整精度将直接影响到工件的加工精度，夹具上有关尺寸的公差，通常取工件相应公差的 $\frac{1}{3} \sim \frac{1}{5}$，若工件相应尺寸为自由公差，夹具尺寸公差可以 $\pm 0.05\text{mm}$，角度公差可取 $\pm 5'$，调整后及时固定有关元件。

（六）检验

在夹具交付使用之前对夹具进行全面检验，保证夹具满足使用要求。检查项目主要有：尺寸精度要求；工件定位合理；夹紧操作方便；各种连接安全可靠；夹具的最大外形轮廓尺寸不得超过使用机床的相关极限尺寸；车床夹具还要检查是否平衡。

（七）整理和积累组装技术资料

积累组装技术资料是总结组装经验，提高组装技术，及进行技术交流的重要手段。积累资料的方法有照相，绘结构图，记录计算过程，填写元件明细表，保存专用件图纸等。一套组合夹具的完整资料，不但对减轻组装劳动量和加快组装速度有利，而且能从中归纳总结出一些新的组装方法和组装经验。

二、选用元件

（一）选用元件的原则

组装夹具元件选择的合理性与夹具的组装、使用的精度、夹具的刚性及操作是否方便都有很大关系，组合夹具元件的品种规格很多，各种元件都有不同的用途和特点，而且要灵活多变，一件多用，不能受元件类别名称的限制。

合理选择元件的一般原则是在保证工件加工技术条件和提高生产率的前提下，所选用的元件使组装

成的夹具体积小,重量轻,结构简单,元件少,调整与使用方便。

(二)选用元件的依据

1. 根据元件的设计的基本意图和基本尺寸选用。

组合夹具元件分为基础件、支承件、定位件、压紧件、紧固件等,每一类元件的设计都有一定的针对性,它的基本用途与分类名称大致相符。在一般情况下,夹具的底座大多在基础件中选用。支承件用作夹具的支承骨架,使夹具获得所需的高度,因此需要组装某一高度尺寸时,应在支承件中选用。

基础件和支承件各有本身的特点,图36-1所示,支承角铁和基础角铁由于尺寸公差不同,组装出的尺寸精度就不同。支承角铁中键槽的起始尺寸从底面标注为 $150 \pm 0.01mm$,从而获得比较精确的高度尺寸。基础角铁作为夹具的基体,需要在上面安装元件,T形槽至底面的距离为 $150_0^{+0.05}$,要获得精确的150mm 高度尺寸,应选用支承角铁组装。

不同类别的元件有不同的设计意图,选用时应根据元件的特点。但组合夹具元件是灵活多变,有时组装较小的夹具,底座可以选用支承件,使夹具轻巧、紧凑。同样在组装大型夹具时也常用基础件作支承用。以增强夹具的刚性。

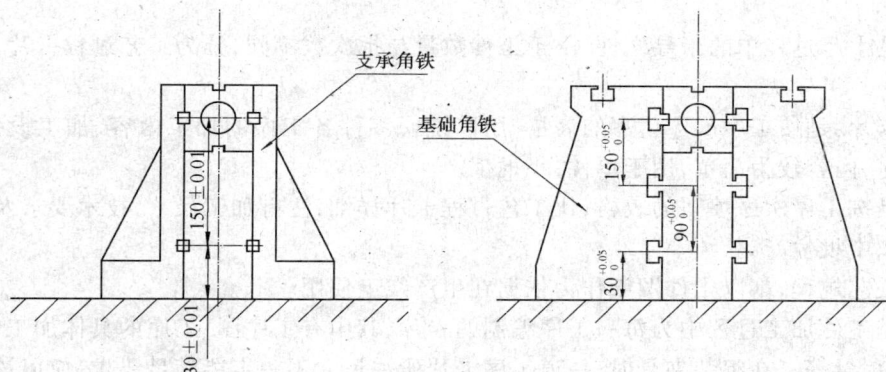

图 36-1　常用基础件作支承

2. 根据被加工零件的精度选用元件:

工件加工精度越高,所要求组装的组合夹具的精度也越高,这就需要对所选用的元件进行尺寸精度测量,选用一定精度的元件。

3. 根据不同要求选用元件:

(1)凡受力较大的铣、刨夹具,应选择刚度较好的基础件,支承件组装;

(2)凡需要轻巧的夹具,如车床夹具,翻转钻模等,应选用重量较轻的元件;

(3)旋转式夹具,应采用圆形元件,并尽量把它们组合成一体,需保证操作安全;

(4)钻孔夹具中,为了使零件取出方便、可采用折合板。

4. 根据夹具的结构形式选用元件:

(1)分度结构选用端齿分度台,或用分度基座,定位插销,与分度盘组装,有时可用圆基础板或基础环等组装。

(2)扳角度结构则选用回转支座,角度支承、切边轴、折合板、正弦支座、回转支承、侧孔支承等组装。

5. 根据夹具的加工中的特殊要求选用元件:

组合夹具元件在通常情况下,都能适应各类夹具的技术要求。但某些加工方法对元件的选用提供特殊要求。例如焊接夹具,它在工作时由于焊渣及电源接线板接触不良等原因容易烧伤元件,多选用伸长板元件组装框架式结构。焊接夹具一般技术要求不高,可将报废的或有缺陷的元件集中起来,作组装焊接夹具用。电火花加工夹具在正常的情况下,是不会损坏元件,但当组装结构不合理,操作不细心,也会使元件烧伤,因此选件时应尽可能选用低精度或有缺陷的元件。

6. 根据组装与调整测量方便选用元件:

需要组装加工若干个圆周均布孔夹具,夹具底座则选用中心有精度孔的圆基础板,或有垂直 T 形槽的元件便于组装精度孔,使组装与调整都比较方便。对需要进行纵向、横向调整的结构,如钻模位置的调整,应选用纵向、横向能分别固定的元件。

三、组合夹具的组装

(一)组装依据

组合夹具组装的主要依据是工件图纸、工艺规程和工件实物。初装时按组装步骤进行组装,复装夹具时,按组装定型卡片记录的原始资料(结构、选件、计算)进行组装。

1. 工件图纸:

熟悉该工件在产品中的作用。了解被加工部位的使用要求、技术条件,以便确定合理的定位与夹紧方案,促使组装的夹具切合使用实际。

2. 工艺规程:

工艺规程是生产过程中的指导文件,由于工件数量与批次数不同,分为工艺过程卡片,工艺卡片及工序卡片三种。

工艺过程卡片:是按工序次序填写的表格,用以说明零件各工序的加工内容、加工设备、加工车间及工序的先后次序,内容较为简单,用于单件,小批生产。

工艺卡片是按工序次序填写的表格,比工艺过程卡片详细,注有加工尺寸,技术要求及装夹方法的文字说明,用于小、中批生产。

以上两种工艺规程,都以工件图纸作为依据在生产线上使用。

工序卡片是工件加工过程中为每一工序编制的卡片,其中有工序图、工序的具体加工内容,使用的设备以及工、夹、刀、量等。在组装夹具时,一道工序卡片所注尺寸不一定能满足要求,应以该工件的成套工序卡片作为组装依据。

3. 工件实物:

由于实物比较直观,便于构思结构方案,特别是工件结构比较复杂,更需要工件实物才能使夹具组装得更完善,更合理。

4. 对于复装的夹具,应按原始记录或夹具组装定型卡片进行组装。由于有照片、主要元件明细目录及计算数据,组装时不必进行设计(构思结构)选件、计算,只要进行组装调整和测量,因此组装速度较快,质量稳定。

(二)结构组装

1. 熟悉元件:

组合夹具组装水平的高低,夹具结构方案是否合理,常取决于对元件的熟悉程度,熟悉元件是组装人员必备的基本技术,必须对元件的主要用途,结构特点,基本参数,尺寸精度,使用方法等,要有较深刻的全面了解,作到熟练选用。

2. 夹具组装次序:

组合夹具的组装有一定的规律,从结构上看,组装次序是:

夹具底座——工序定位结构——夹具体(支承内架)——导向结构——夹紧结构。

从外观上看,组装次序是:

从里到外,从下到上,在组装过程中,应考虑到某些最后组装的元件,是否留有足够的地方,个别元件是否需要提前放进去等。

3. 夹具结构布局与试装：

在夹具的总装开始前，应考虑整个夹具的布局，例如夹具采用的结构形式，选用什么元件来完成工件的定位、夹紧，工件加工时是否需要引导、对刀或测量基准，以及它们安排在什么位置上比较合理，元件间如何连接和紧固，哪些位置需要预先放螺栓或元件，工件如何装卸，夹具如何调整和测量等，都应在着手总装前给予考虑。

夹具的布局方案大致考虑好以后，进行试装结构，把选好的元件按布局的位置摆好，并把工件放进去，调整各元件的相互位置，之后再取出工件。

在试装过程中，为了使夹具的布局更合理，结构更紧凑，工件装卸更方便，往往要修改原来夹具的布局，或更换元件，因此，元件不必用螺栓紧固，试装过程是和选件，布局互相穿插在一起的，是不能截然分开的。

4. 合理组装元件。

实验 37　组装合理性实验

组合夹具的组装，必须遵守组装规则，使夹具组装可靠，调整方便，不损坏元件，或影响元件的精度与使用寿命。

一、合理选择和使用元件：

1. 使用元件要按元件的结构特点及其用途选用，不能在损害元件精度的情况下随便使用。如钻模板不能当连接板、压板使用。固定钻套不能当支承环使用等。

2. 元件间的定位键厚、薄要选用适当，键太厚会使元件间贴合不上，结合面间产生间隙。键太薄又会使元件间不能起到定位作用。如图 37 – 1 所示，(a)图为键太薄的配合情况，(b)图为键太厚的配合情况。

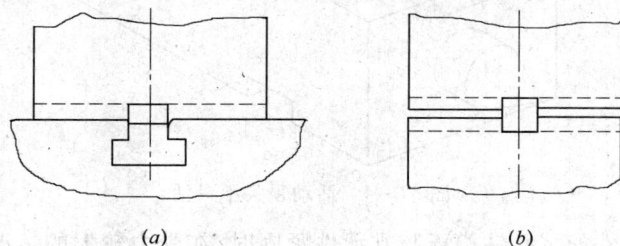

(a)　　　　　　　　　　　(b)

图 37 – 1　定位键厚、薄选用

3. 在 10mm 厚的支承垫板上装定位键时，键用螺钉不能太长，避免造成两支承面间不能贴合。如图 37 – 2 所示。

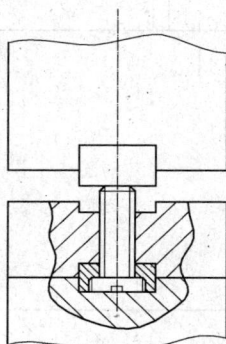

图 37 – 2　螺钉太长

4. 当一支承件组装在另一支承件或简式基础板上时,键不能选太厚,若太厚会使槽用螺栓的头部与键相碰。如图 37-3 所示。

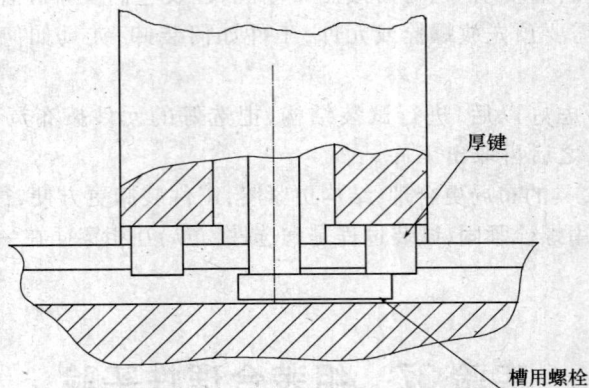

图 37-3　键太厚

5. 活动 V 形,活动顶尖,回转顶尖等元件,在用螺钉、螺母直接压紧固定时,容易变形卡死,应分别加双头压板或快卸垫圈等,以便减少变形,提高工作过程的灵活性,如图 37-4 所示。

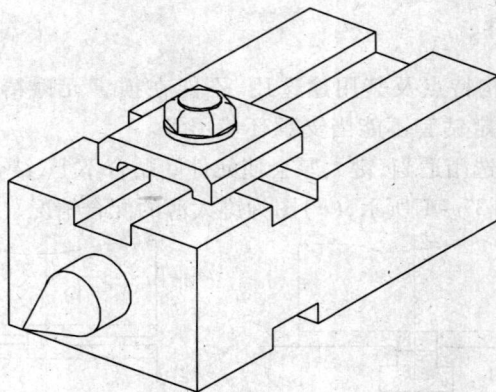

图 37-4　活动顶尖不灵活

6. 对薄壁易变形的元件如沉孔钻模板与支承件紧固时,在受力较大的情况下,应采用平压板代替垫圈,减少压紧变形。使用螺母直接压在沉头窝内,钻模板容易产生挠曲变形。如图 37-5 所示。

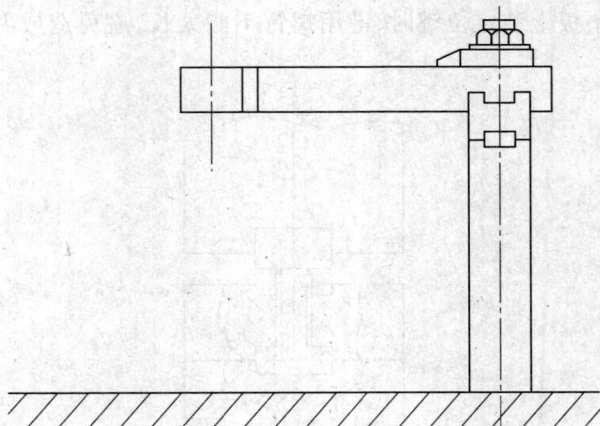

图 37-5　防止钻模板产生挠曲变形

薄支承件在十字槽附近压紧时,应使用快换垫圈或加大垫圈,使压紧稳定。如图37-6(a),严防(b)图所示的压紧形式。

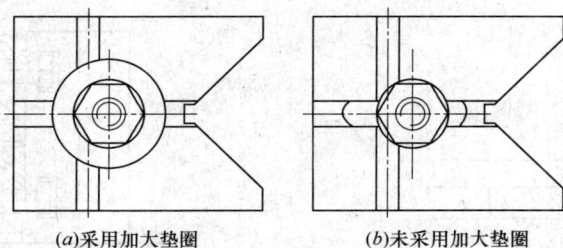

(a)采用加大垫圈　　　　　(b)未采用加大垫圈

图37-6　垫圈结构

二、元件间的配合间隙要适当

1. 元件间的配合是按间隙配合设计的,但键的设计却不同,为了提高定位精度,防止磨损后间隙过大,因此是按过渡配合设计,键与键槽配合时,可能产生过盈,在组装时要选配,应尽量避免过盈配合,否则会损坏元件。

2. 开槽钻模板在导向支承上组装时,当导向支承固定后,有时装不进去,原因是所选的钻模板带12mm键槽,它与螺栓之间的间隙太大,当螺栓稍偏斜就发生了干涉,在这种情况下,应选用无键槽的钻模板。如图37-7所示。a图因带键槽装不进去,而b图螺栓小有偏斜也可以装入。

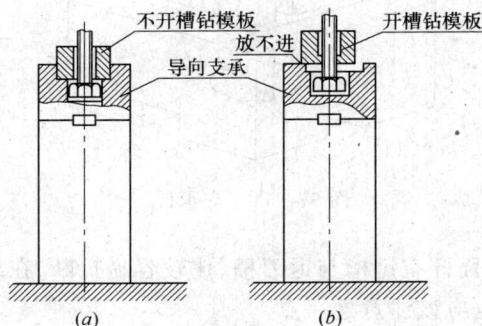

图37-7　开槽钻模板在导向支承上组装

三、组装中要注意元件的薄弱环节

1. 基础板T形槽十字相交处强度较低,使用槽系螺栓紧固时容易掉角,应从基础板底部通孔穿出,如图37-8所示。

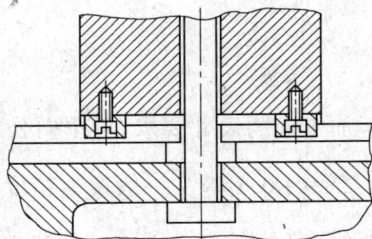

图37-8　螺栓从基础板底部通孔穿出

2. 在距基础板 T 形槽十字相交处 16mm 以内不能使用槽系螺栓,应采用长度合适的长形螺母与双头螺栓代替槽系螺栓,防止拉坏槽口,如图 37 – 9 所示。

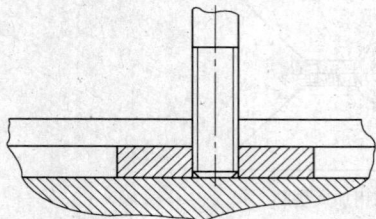

图 37 – 9　长形螺母与双头螺栓代替槽系螺栓

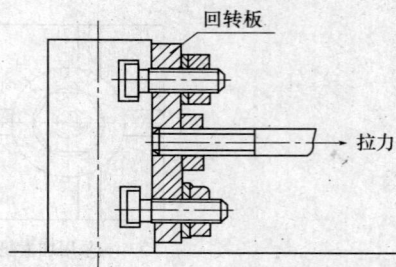

图 37 – 10　回转板作过渡

3. 支承件 T 形槽壁较薄,受力过大容易损坏,当需要支承件 T 形槽承受较大的拉力时,可用回转板作过渡,如图 37 – 10 所示。

4. 支承件两 T 形槽垂直相交处强度很弱,应避免在此处安放螺栓,图 37 – 11 所示。

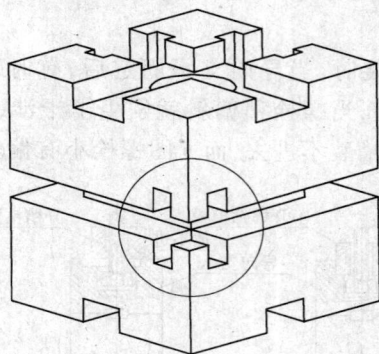

图 37 – 11　支承件

5. V 形垫板厚度为 10mm,两面开有键槽与退刀槽,比较容易折断,在组装中,不能用于承受弯曲力和冲击力。使用其他各种垫板时,也应该注意这一点。

实验 38　组合夹具的调整实验

组合夹具的调整是将初装好的夹具进行调整,使之达到工件加工技术要求。调整夹具是有一定的规律性,正确的调整方法使夹具调整得既快又准,反之不但增加调整时间,达不到调整精度要求,同时还会损坏元件。

一、调整依据

夹具的调整,根据工件的定位面至加工面的尺寸要求,对单向公差的尺寸,应定为基本尺寸加减公差的 $\frac{1}{2}$,如 $32^{+0.02}_{0}$ 为 32.1 ± 0.1,$28^{0}_{-0.2}$ 为 27.9 ± 0.1 等。一般调整精度为工件公差的 $\frac{1}{3} \sim \frac{1}{5}$,通过定位基准面或通过测量计算设立辅助基准后进行,对于复杂的结构,应预先绘出调整草图,以使调整有次序的进行。

调整工作不一定是在全部组装完成后进行,有的夹具在组装过程中,应一边组装一边调整并需及时固定,才能完成调整工作。如图 38-1 所示工件需两个方向的调整。如伸长板调整后不及时固定,等方形支承调整后,伸长板已无法固定。

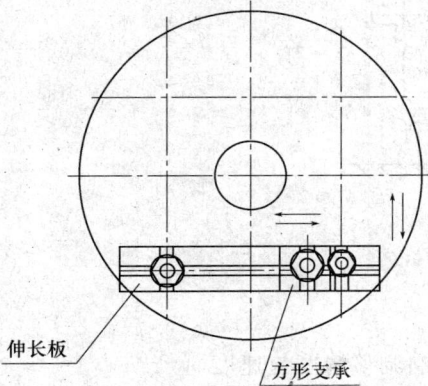

图 38-1　边组装边调整

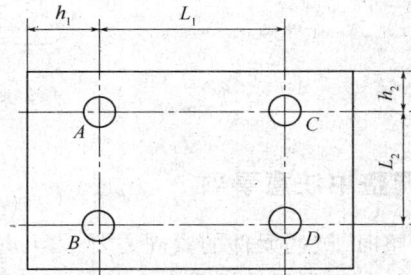

图 38-2　多工位加工工序图

对于多工位加工的夹具,相对于定位基准尺寸调整后,还应调整不相邻加工面之间的位置,如图 38-2 为加工 A、B、C、D 四孔的工序图,在调整 h_1、L_1 及 h_2、L_2 以后,还应调整 A、D 与 B、C 之间的误差。

二、调整方法

1. 铜棒敲击调整:

用铜棒轻轻敲击支承件的左右位置。调整后固定支承,然后再调整钻模板的前后位置。如图 38-3 所示次序,由下到上依次固定。

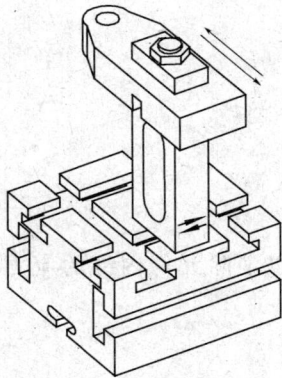

图 38-3　铜棒敲击调整

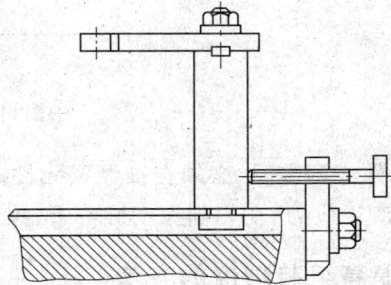

图 38-4　螺栓顶调整

2. 螺栓顶调整:

如图 38-4 所示,钻模板在支承上用十字键固定,支承在基础板 T 形槽方向可以移动。根据工件的尺寸要求,调整支承的位置。在基础板侧面固定平压板,用螺钉往前顶,达到所要求的位置固紧。

3. 千斤顶调整:

如图 38-5 所示,利用一个螺栓紧固的三块立式钻模板,调整比较困难,在调整其一块时,另一块也跟着移动。采用千斤顶分别顶着进行调整,就容易调整。

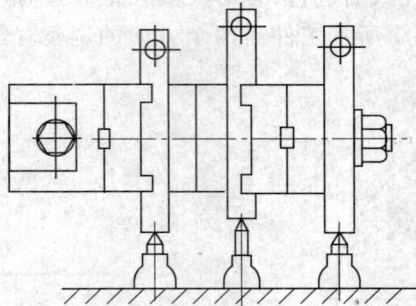

图 38 - 5　千斤顶调整

三、调整中注意事项

1. 调整时,被调元件的紧固力要适当,过紧或过松都会影响调整精度与速度。

2. 调整时不得用铁锤重击元件各部,而要用铜棒,特别是易损部分。

3. 调整力不得传到量具上,以免损坏量具或变动指示表的原始指示值。

4. 在工件斜面上钻孔的钻模板位置,应根据斜面角度大小;钻套距离加工面高低;工件的材料等,应使钻套引导孔中心向上方偏离理论中心位置一个 δ,一般为 0.05 ~ 0.2mm,使被加工孔,获得理想的尺寸,如图 38 - 6 所示。

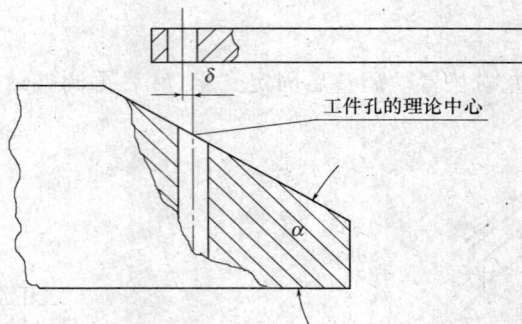

工件孔的理论中心

图 38 - 6　钻套引导孔中心调整

5. 元件经调整后,必须在被调整元件的周围用铜锤轻击几下,以消除元件内部的应力,防止调整时因元件组产生应力,在切削振动影响下,尺寸产生变化。

四、提高组装精度的方法

组合夹具元件制造精度为 6 ~ 7 级,组装时如经过仔细选件与调整,可以组装出比元件精度更高的组合夹具。

影响组合夹具组装精度的因素很多,如元件的制造误差,组装积累误差,元件变形,元件间的配合间隙,元件的磨损,夹具结构的合理性,夹具的刚性及测量误差等。这些误差因素在一套夹具中有时表现为系统误差,有时表现为随机误差,必须根据具体情况进行分析,找出提高组装精度的方法。

（一）用选配元件的方法提高组装精度

1. 为了使元件定位稳定,必须减少它们之间的配合间隙。如键与键槽之间应选择组装,使其间隙最小。孔与轴,钻模板与导向支承之间的间隙都可根据具体要求进行选配。

2. 成对使用的元件都应对它们的高度、宽度进行选配,使其一致。例如用两块基础板组装角度结构时,应对它们的宽度选择一致。需加宽、加长基础板时,应选择宽度、厚度一致的基础板进行组装。当元件本身误差选配不能满足要求时,可以采取垫合适的铜片或纸片来调整误差。

3. 组装分度回转夹具时,应检查圆盘的端面跳动量,在跳动量超过时,应变换组装方向,仍不能达到要求时,应更换圆盘,直至端面跳动量满足要求为止。

(二)缩短尺寸链,压缩积累误差

组合夹具是由许多元件组合而成,它的组装精度与它的数量有关,选用元件数量越多,组装后夹具的误差就越大,因此应减少组装元件的数量,减少尺寸链,以压缩积累误差。

(三)采用合理的结构形式

1. 采用过定位的方法,加强稳定性来提高分度精度

2. 缩小比例,用大的分度盘加工小工件的方法

分度盘本身精度是固定的,即孔的额定位置在本分度盘中是恒定的。当采用大分度盘来加工小工件时,如工件孔的额定误差为分度盘误差的二分之一。采用大分度盘加工小工件时,额定误差就相应地减少了。

3. 合理组装夹具结构

应尽量采用"自身压紧"的结构,即从某元件上伸出螺栓,夹紧力和支撑力都作用在该元件上。应尽量避免采用从外部加力顶、夹定位元件的结构。

图38-7 所示为工件在支承件与基础板上定位后,在基础板侧面组装连接板,用螺栓压块顶紧工件,工件与支承受力后,一起产生图示的变形,产生工件在夹紧时的误差。

图38-8 所示为工件在基础板与带肋角铁上定位,并在带肋角铁上组装夹紧结构,当夹紧力作用于工件时,不影响工件的定位精度,这种结构常称为"自身压紧"。

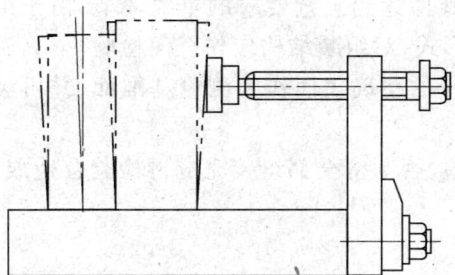

图38-7 工件与支承受力变形   图38-8 自身压紧

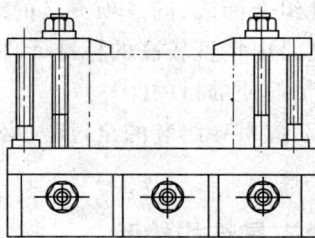

4. 要求同心度较高的两孔工件,或工件两孔距离较远,应尽可能用前后引导或上下引导的方法,以增加刀具导向的准确性,提高工件的加工精度。如图38-9所示。

不能采用上下引导的工件,也可以用两块钻模板组装在一起,以增加刀具的引导长度,提高刀具的准确性来提高加工精度。如图38-10所示。这种结构常用于因工件尺寸太小,钻模板无法从两孔之间伸入,而工件在底部又有凸台等几何形状,不适合组装翻转式钻模结构时才采用。

5. 钻、铰套与工件间的距离,对工件加工精度的影响较大,在保证顺利排屑的情况下,钻、铰套下端与工件的距离应尽量小,一般为孔径的 1~1.5 倍。

若钻孔的部位为斜面或弧面时,应使钻套下端面与加工部位的形状相吻合。

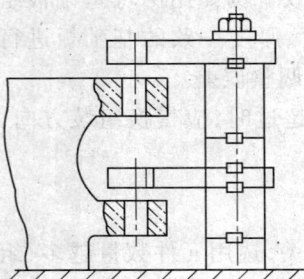

图 38 - 9　上下引导的方法

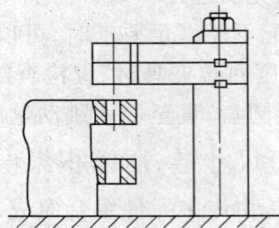

图 38 - 10　二块钻模板组装

（四）提高测量精度

组装精度决定于测量精度,要提高测量精度,应具备相应的量具与测量技术,并分别根据各类组合夹具的特点,选用合理的测量和调整方法。

1. 直接测量

在测量中,尽量使测量基准和夹具的定位基准一致,避免利用元件本身的尺寸参数,造成积累误差。

2. 边组装边测量

对精度要求较高的夹具,在组装部份元件后,应测量其平行度与垂直度及位置尺寸,以达到最高的组装精度。

实验 39　组装检验和测量实验

组合夹具的检验工作是鉴定夹具的全面质量,使被加工零件达到工艺要求的重要环节,由于组合夹具由许多元件组合而成,同一项夹具的结构可以组装成多种形式,对组装结构应作全面检验。

组合夹具是由精度较高的标准元件组成,应利用元件本身的精确表面作为测量基准面,并可灵活选择,以达到测量简便的目的。

检验过程,应贯穿组装的全过程,必须一边组装,一边检验,否则待全部组装完成再检验会造成困难,或者造成返工等。

一、组合夹具结构检验

组合夹具的结构检验与专用夹具不同,它是无图工装的检验。由于组装的方法、形式很多,所以判断分析夹具的结构是否合理是比较复杂的。结构检验内容为:

1. 检验夹具上定位结构是否符合图纸与工艺基准的要求,能否保证工件的准确定位;能否保证工件的加工精度及技术要求;支承面是否在承受切削力的方向上;加工过程中结构尺寸是否稳定。

2. 检验夹具夹紧结构是否合理,夹紧力的大小、方向,作用点是否合适,是否与切削力相适应。夹紧时定位结构是否会引起变形,工件受力是否会变形与压伤。加工过程中压板是否碰刀具。分度钻模的压板在回转分度时能否与钻模板或支承相碰。

3. 根据各工种的特点检验夹具的结构刚度。

铣、刨夹具主要应注意加工时所受的切削力与冲击力,夹具结构在受力时会不会变动或移动。

钻床夹具的钻模板是影响工件加工精度的重要部位,应分析其刚性,不要使钻模板伸得太长,以免切削受力时振动,影响加工精度,必要时可以从结构上考虑加强刚度措施。

4. 装卸工件是否方便,定位基准是否容易损伤,清除切屑是否方便。

5. 检查元件选用是否恰当、元件间组装连接的定位点是否符合结构要求。

6. 需要对刀装置的夹具,应检查对刀装置的结构是否便于对刀。

7. 夹具能否在机床上顺利安装,与机床性能、规格是否协调。

8. 钻模板与工件间的高度是否适合导向与排屑要求的间隙,钻套与刀具是否协调。

9. 槽用螺栓在T形槽中的位置是否合适。夹紧机构中的槽用螺栓是否固定,是否安装了支承压板的弹簧。对压紧毛坯面或不平的面时,是否采用球面垫圈。

10. 夹具结构是否符合轻巧、稳定、便于操作等。

二、测量器具

测量器具的配备,根据被加工工件的外廊尺寸、结构形状、测量位置、工件精度要求等多方面因素决定,大致可分为:

1. 标准量具:

标准量具是按计量标准要求制造的某一固定数值的量具,如块规、量块、角度块规等。用于精密测量。

2. 通用量具和量仪:

通用量具和量仪是用于测量一定范围的任一数值,通用性较大。根据它们的结构特点可分为:

(1)固定刻线量具;如钢板尺、卷尺等。

(2)游标量具:如游标卡尺、游标深度尺、游标高度尺、游标量角器等。

(3)螺旋测微量具:如百分尺、深度百分尺、内径百分尺等。

(4)机械式量仪:如百分表、千分表、杠杆百分表、杠杆千分表、内径百分表等。

3. 辅助测量工具:

辅助测量工具是为夹具量具作基准,或固定量具,如平台、方箱、弯板、正弦规,块规支架、磁力表架、直角尺、圆柱角尺、垂直度测量器等。

4. 测量元件:

在一些较复杂的夹具组装调测过程中,为测量方便,设立辅助基准,如测量心轴、测量块、测量球头、测量键等。

三、测量基准的选择

测量基准的选择原则是尽量使夹具上的检测基准与工件基准相重合。检测基准主要是根据夹具上被加工工件的主要定位点(线、面)及被检测元件的坐标位置来确定,按照积累误差最小的原则进行检测。在检测同一方向尺寸时,尽量使用同一基准。如果检测基准必须变更时,应先检测两基准之间的误差,待检测后进行尺寸误差计算。

对于槽系组合夹具,则可利用T形槽、键槽安装测量块测量。

图39-1所示,工件在夹具上钻孔,保持尺寸40±0.1。采用钻模板精度孔中安装检测心轴,则支承两面A或B即可作为测量基准,在必要是,在右侧T形槽安装测量块,则C或D两面也可以作为测量基准。测量轴与A面或C面的距离可采用块规组测量。测量轴与B面或D面间可用千分尺或读数为0.02mm的游标卡尺测量,在测量时应该掌握合理的测量力。

从图中基准分析,测量误差最小的基准面为A,尽可能以A、B、C、D的顺序选择。

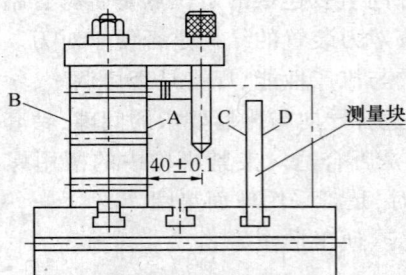

图 39 - 1　可利用 T 形槽、键槽安装测量块测量

实验 40　夹具尺寸的测量方法实验

组合夹具的尺寸精度,主要是根据工件图纸与工艺规程上的要求来确定。要求保证加工出合格工件为原则,并且考虑加工质量的稳定性与可靠性,以及经济合理性,按一般经验,夹具的公差值应取工件公差的 1/3——1/5,检验夹具为 1/5——1/10,具体允许的公差值应根据工件的加工要求和其他误差因素来分析确定,既要有一定的保险系数,又要考虑经济精度。

经分析确定夹具尺寸与位置精度后,用不同的测量工具和不同的方法来进行测量。对测量结果进行分析,确定夹具是否符合理想精度要求。

由于测量工具与方法不同,会得到不同的测量精度,它直接关系着夹具的实际精度,所以测量时应该注意测量的四个因素,即测量对象,测量单位,测量方法,和测量精度。

组合夹具尺寸精度的测量方法概括可以分为:直接测量,间接测量,与辅助测量三类。

一、直接测量法

用量具直接测量有关元件的相互位置尺寸,这种测量方法应用较为广泛。例如用块规、游标卡尺或外径千分尺测量孔距。图 40 - 1 所示,由于没有选择基准面的误差,测量精度比较高,而且测量也比较方便。

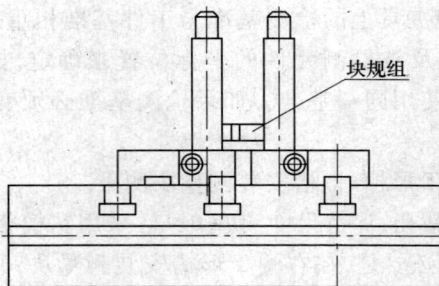

图 40 - 1　直接测量有关元件的相互位置尺寸

二、间接测量法

当夹具上的相互尺寸难以直接测量时,可以选择一个基准面,计算出各有关尺寸对基准面的尺寸关系,这种测量称为间接测量。常用于不在一条直线的各有关尺寸,与空间交点尺寸的测量。

图 40-2 所示斜孔钻模,根据工件在夹具上的定位,通过夹具结构,计算结构尺寸 L,以测量 L 尺寸合格来保证工件被加工尺寸合格。

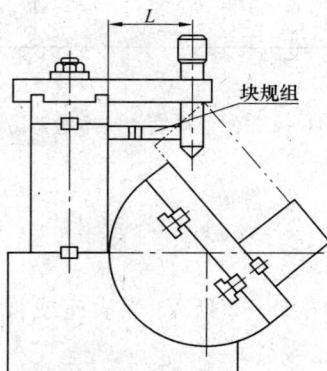

图 40-2 间接测量法

三、辅助基准测量法

利用组合夹具元件组装出辅助测量基准,通过辅助基准测量来保证工件尺寸,这种测量方法称为辅助基准测量法。

图 40-3 为空间交点尺寸通过测量心轴,或测量球头作辅助测量基准。按计算尺寸 L 进行测量。

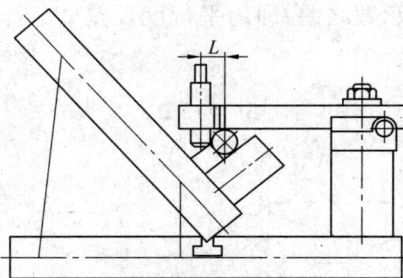

图 40-3 辅助基准测量法

实验 41 平行度、垂直度的基本检测方法实验

位置误差与形状误差不同,形状误差是一条线或一个面本身的误差,而位置误差是两个或两个以上的点,线,面的相互位置关系。

在检测位置误差时,基准要素是确定位置的决定要素,不明确基准就无法确定位置,有了基准才能确定被测表面的理想位置,将实际位置与理想位置相比较,就可得出位置误差。

夹具体的基准面是一个实际表面,它也有一定的形状误差,为了更确切地反映位置误差,就不能让基准表面误差反映到位置误差中来,而是要把基准表面误差排除掉。组合夹具的测量一般是用平台基准平面来体现基准表面的理想平面,如图 41-1 所示,测得的位置误差中,包括被测表面的形状误差。

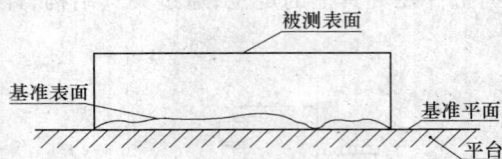

图 41 - 1　位置精度的基本检测方法

一、平行度的测量

1. 平面对平面的平行度测量：

将夹具与表座都放置在平台上，如图 41 - 2 所示，当表座或被测件移动时，千分表指示数之差，即为定位支承面与夹具底面的平行度误差。

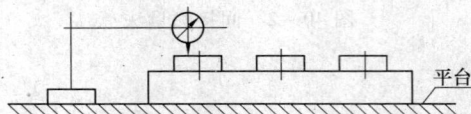

图 41 - 2　平行度的测量

2. 孔对平面平行度的测量：

图 41 - 3 所示为测量孔的轴线对夹具底面的平行度误差，被测孔插入测量心轴，然后测得给定长度 L 孔处测量心轴上母线的最大最小指示数之差，即为平行度误差 Δ。若测量长度 $L1$ 大于指定长度 L，则按下式换算：

$$\Delta = \frac{L}{L_1}\Delta_1$$

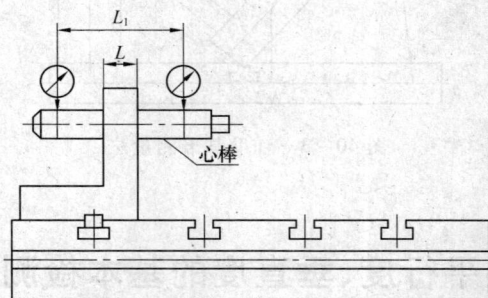

图 41 - 3　孔对平面平行度的测量

3. 两孔的平行度误差：

测量两孔平行度误差时，如图 41 - 4 所示，先校正夹具位置，使其基准孔 A 平行与平台，然后在被测孔给定长度上进行测量，若要求另一方向，则可将夹具转 90° 位置后，再找平基准孔测得另一方向的平行度。

若要求任意方向的不平行度时，则分别在互相垂直的方向上测得 Δ_x 和 Δ_y，再按下列公式求得平行度误差 δ：

$$\delta = \sqrt{\Delta_x^2 + \Delta_y^2}$$

式中：Δ_x——在 x 方向上测得的平行度误差；

Δ_y——在 y 方向上测得的平行度误差。

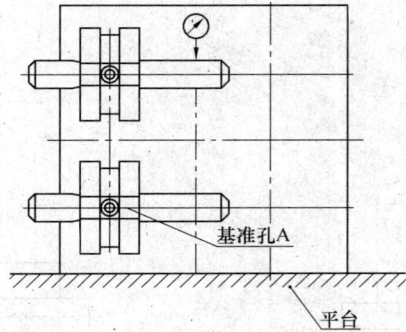

图 41 - 4　两孔的平行度测量

二、垂直度的测量

1. 两个平面间垂直度的测量：

测量两个平面间的垂直度，要根据夹具的大小不同与测量条件，采取不同的测量方法，可以以一个平面为基准，用刀口角尺测量。较大的夹具可以用圆柱角尺与表测量。

（1）透光法检验：

用刀口角尺测量夹具基准表面的不垂直度如图 41 - 5 所示，以不透光为垂直。如见有透光，可以用塞尺测量数值，其最大间隙量，即为两平面的垂直度误差。

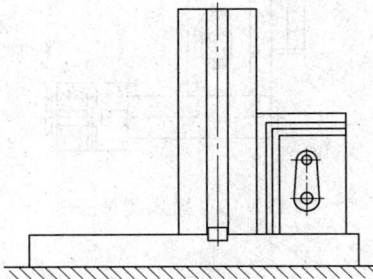

图 41 - 5　垂直度的测量

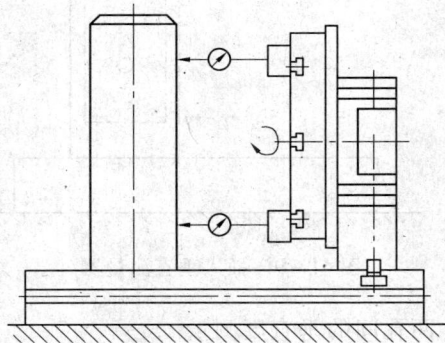

图 41 - 6　转动圆基础板测量

（2）回转式夹具工作平面垂直度的测量：

图 41 - 6 所示将表座固定在圆基础板上，当转动圆基础板时，表指示测得圆柱角尺上、下两处的最大读数之差，并加上工作面的跳动量则得出工作面的垂直度误差。图 41 - 7 所示为用测量角尺测量，把测量角尺固定在转动圆基础板上，并垂直底面，然后测量角尺直角面对基准平面的平行度换算成垂直度误差。

2. 孔与平面的垂直度测量：

图 41 - 8 所示，在钻模板孔内插入测量心轴，用刀口角尺贴近圆柱母线，视其光隙，并用塞尺测量其垂直度误差。

图 41 - 9 所示为测量钻模板孔对夹具底面的垂直度，在钻模板孔内插入垂直测量器，用表测得给定长度上的数值差。

必要时可以把夹具翻转 90°，在测量平台上通过钻模板孔中心测量心轴，用测量平行度的方法测量。

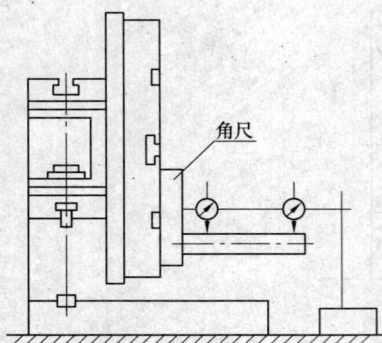

图 41 - 7　角尺测量

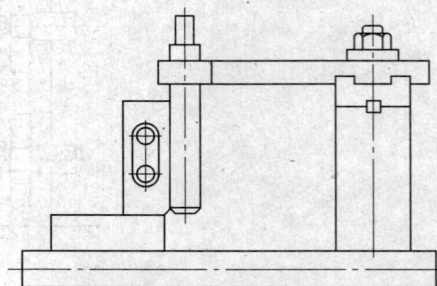

图 41 - 8　插入心轴测量

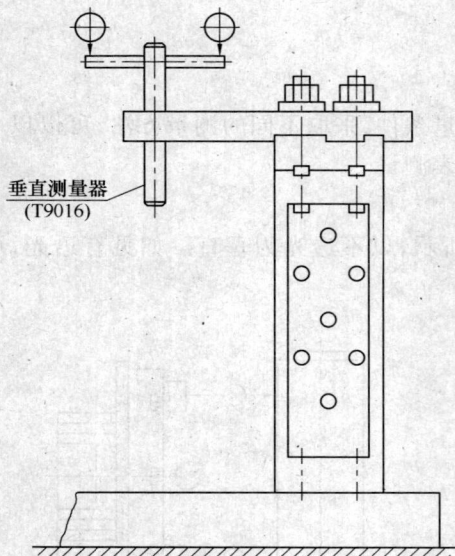

图 41 - 9　插入垂直测量器

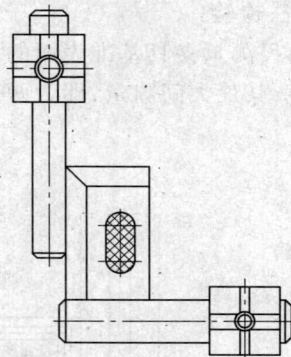

图 41 - 10　插入测量心轴

3. 两孔间的垂直度测量

两孔在同一平面时,可插入测量心轴,直接用透光尺进行检查,如图 41 - 10 所示。

孔对孔或者孔对平面的垂直度误差,可在孔内插入心轴,前端装上百分表,后面用钢球顶着,转动心轴,则表在 A、B 两处之读数差即为在一定长度上的垂直度误差。如图 41 - 11 所示。

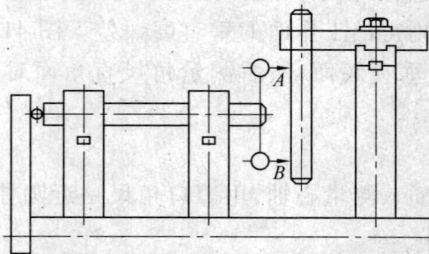

图 41 - 11　两孔间垂直度测量

实验 42　倾斜度的测量方法实验

倾斜度的测量,根据角度的大小与精度的要求应选择不同的测量方法。

1. 一般角度公差要求的测量:

用万能角度尺直接进行测量,如图 42 - 1 所示。

2. 角度公差要求较小时,用正弦规、块规、百分表测量,如图 42 - 2 所示。

3. 用角度块规、百分表测量,如图 42 - 3 所示。

4. 用正弦规、刀口尺、块规配合进行测量,如图 42 - 4 所示。

5. 用正弦角度尺固定在倾斜面上,用百分表测量,将测量数据通过计算,则得倾斜度误差。如图42 - 5。

6. 用正弦规、块规与百分表测量。如图 42 - 6 所示。

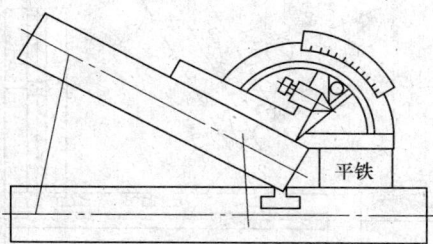

图 42 - 1　万能角度尺直接进行测量

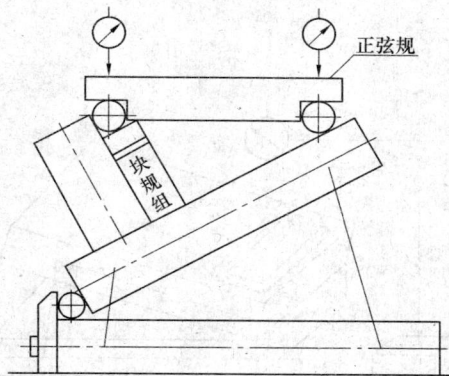

图 42 - 2　正弦规、块规、百分表测量

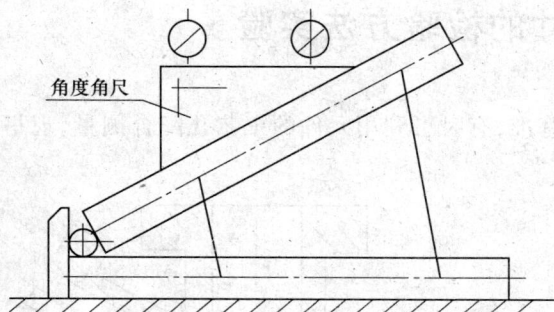

图 42 - 3　角度块规、百分表测量

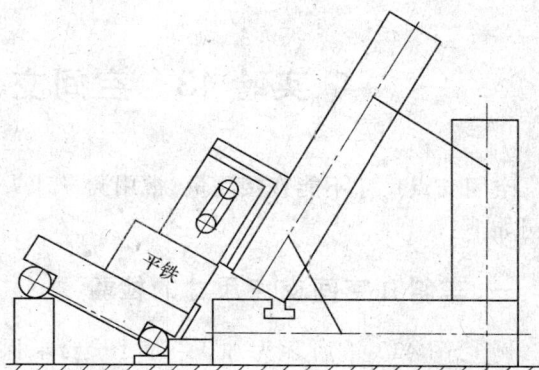

图 42 - 4　正弦规、刀口尺、块规配合进行测量

7. 倾斜平面偏扭的测量:

在测量偏扭时,组装伸长板作工件的定位面,应把测量心棒靠紧定位面,打表检查其左右的平行度,如图 42 - 7 所示。

检查角度工作面的偏扭情况,亦可用图 42 - 8 所示的测量方法,用精密平铁靠紧基础板侧面(侧端面必须与 T 形槽平行),表座沿平铁移动,杠杆表在基础板上表面来反映偏扭误差。

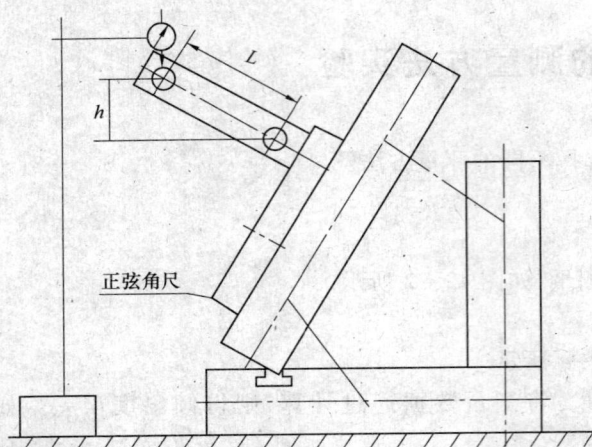

图 42 - 5　正弦角度尺固定在倾斜面上,用百分表测量

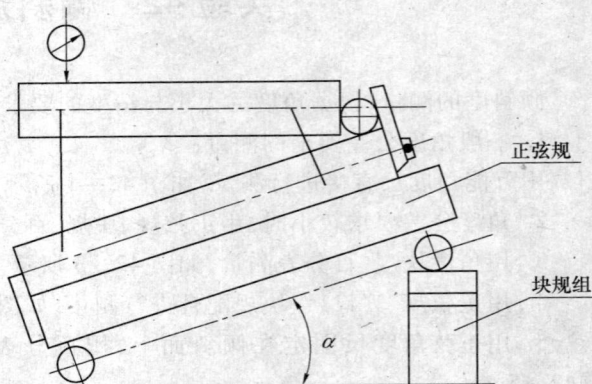

图 42 - 6　正弦规、块规与百分表测量

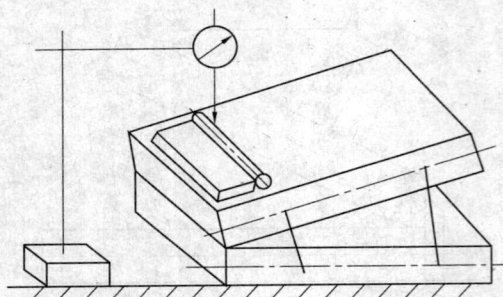

图 42 - 7　斜面偏扭测量

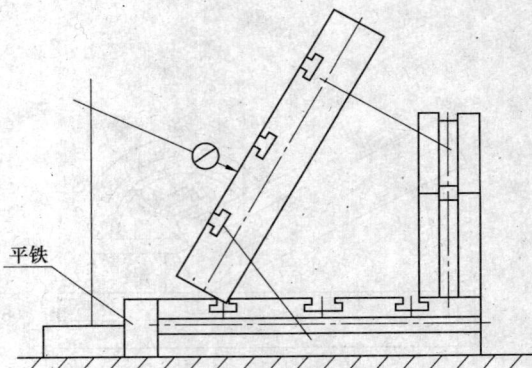

图 42 - 8　精密平铁测量

实验 43　空间交点尺寸的检验方法实验

空间交点尺寸不能直接测量,常用测量球头作辅助基准,有时可利用元件的工艺孔配合测量,现举例说明如下:

一、车斜孔空间交点尺寸的检验

例 1:图 43 - 1 所示为加工工件图,要求保持 45° ± 15′ 与两孔交点至端面尺寸 17 ± 0.2mm。

图 43 - 2 所示为选用 45° 角度支承组装于圆基础板上,通过中孔定位板组装测量球头,调整球心至定位面尺寸 17mm 后,球心即为加工中心的交点,转动圆基础板,测量球的跳动量即可得到其位置误差。

例 2:图 43 - 3 为加工工件图,加工 ϕ11H7mm 孔,保持尺寸 95 ± 0.2mm 及 32° 角度。

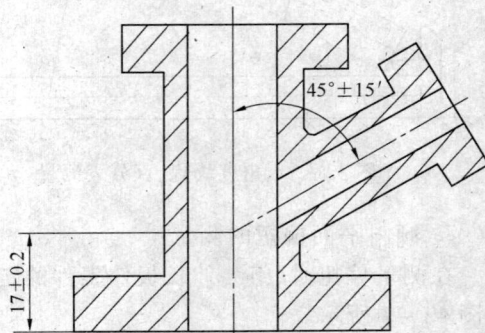

图 43 - 1　加工工件图

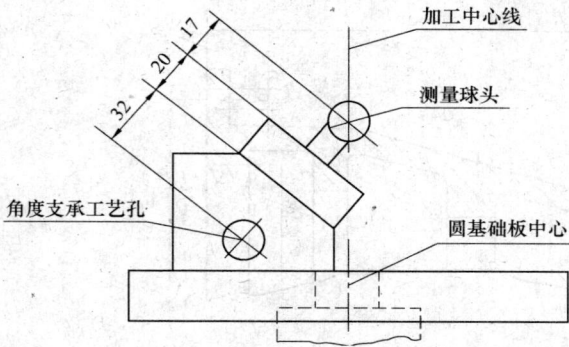

图 43 - 2　45°角度支承组装

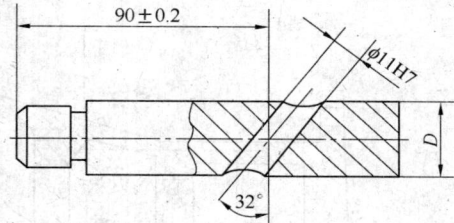

图 43 - 3　加工工件图

夹具如图 43 - 4 所示,工件由 V 形元件定位,压板平面支靠端面加工斜孔。用测量球头的圆柱面放在工件定位面 V 形元件上,若测得球头的圆柱直径与工件定位的外径不一致时,可以换算尺寸加垫片。测量球头的端部可以垫尺寸 l,然后夹紧测量球头的圆柱部分,旋转夹具即可测得支点尺寸的位置误差。其误差为表指示最大读数的二分之一。

图中 $l = 95 - L$

$$a = \frac{D - d}{2}$$

式中: d——测量球头圆柱直径

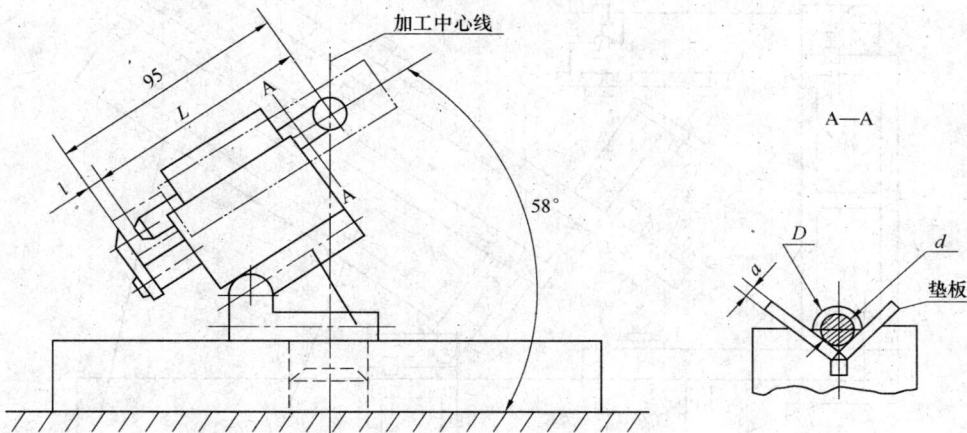

图 43 - 4　测量球头示意图

二、钻斜孔空间交点尺寸的检验

图 43 - 5 所示为工件上需加工 52 - φ3 斜孔。

工件尺寸大,被加工孔的位置精度又较高,所以夹具体积较大,在工作位置情况下检验各工作部位。对钻模板孔的位置测量时,采用测量球头较为方便,并能节省计算。主要是调整球心位置处于加工孔中心线上,即为空间交点位置。然后以球心为测量基准,测出钻模板孔中心对球心的偏移量,如图 43 - 6 所示。

工件是由伸长板作支承面,所以应测出其平面的跳动量,这对调整球心高度 150.05mm 尺寸有关,并组装一测量中心调整球心尺寸 φ570mm 位置,当球心处于理想位置后,再按图 43 - 7 用块规组测量相对位置的偏差。

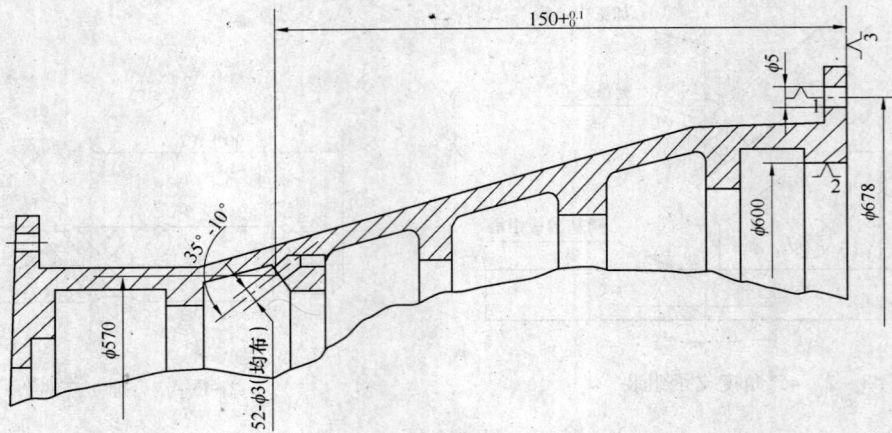

图 43－5　加工工件图

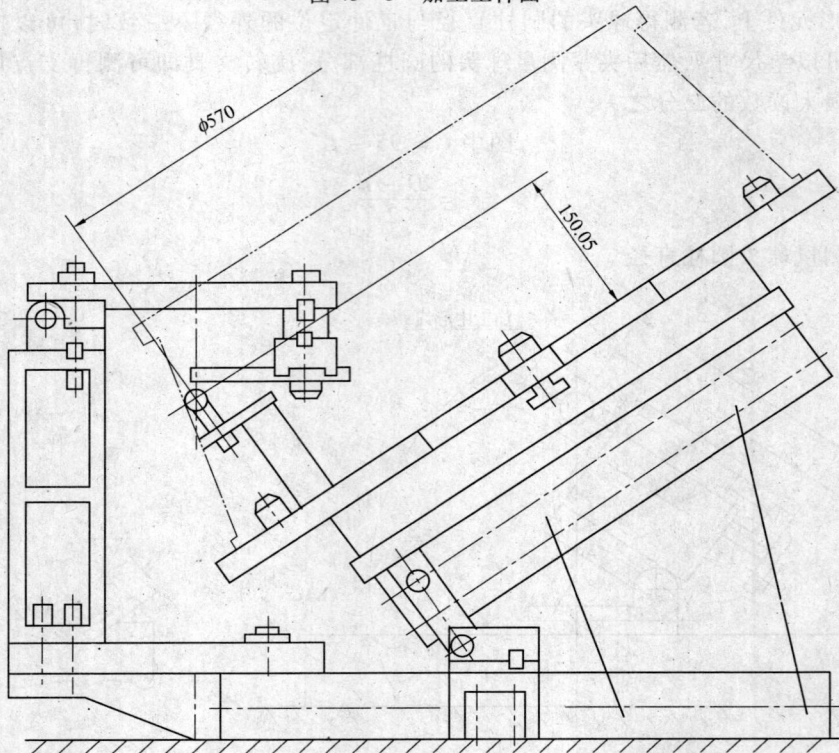

图 43－6　夹具结构示意图

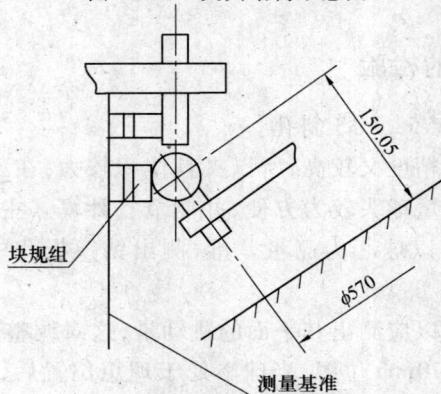

图 43－7　相对位置偏差检测

实验 44　同轴度的测量方法实验

1. 用一根长心轴贯穿插入两孔内,使它能转动灵活,则同轴度为合格,此方法简便,但无具体数据,这种检验方法,必须注意孔轴的配合精度。

2. 可在两孔内分别插入短心轴,用表测量两心轴中心是否在一条直线上,检验时应测量 90° 两垂直方向,再算出均方根值,即为两孔同轴度的最大误差。如图 44 - 1 所示。

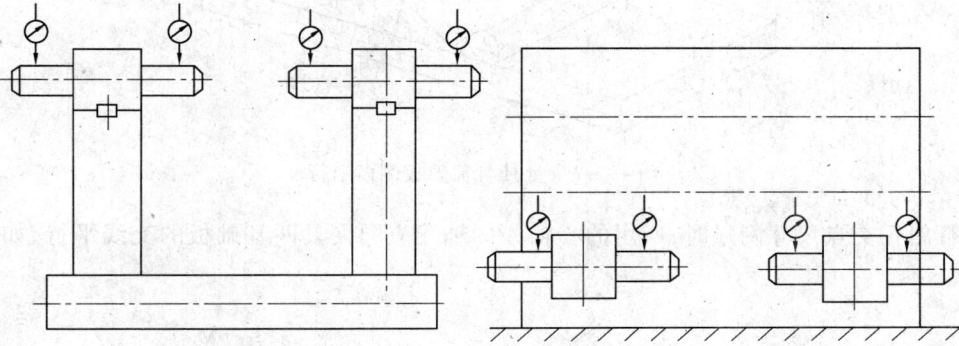

图 44 - 1　同轴度测量

3. 可在一孔内插入心轴,在前端装上百分表,来找另一孔或轴的跳动的方法测量两孔的同轴度误差。

实验 45　检测与测量中的注意事项实验

1. 根据夹具的精度要求合理选用量具。

2. 测量时应正确使用量具,测量压力不能过大,否则造成测量不准确或损坏量具。

3. 测量孔距时,应尽量靠近被测孔的部位进行测量,若高度相差较大,应将心棒校正垂直后再进行测量。如图 45 - 1 所示。

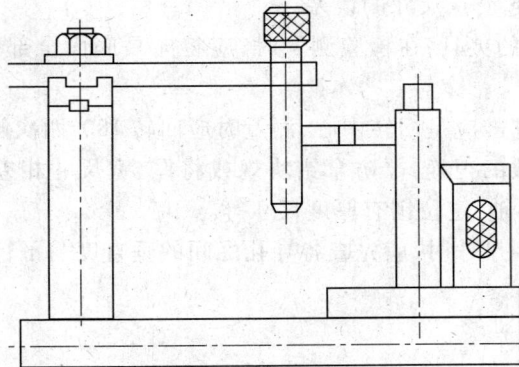

图 45 - 1　心棒校正垂直

4. 角度尺、角度板或正弦规来测量角度时,应使量具与基础板侧面平行。如图 45 - 2 所示。A 面应

平行 B 面,否则被测角度不准,造成倾斜角度的测量误差。

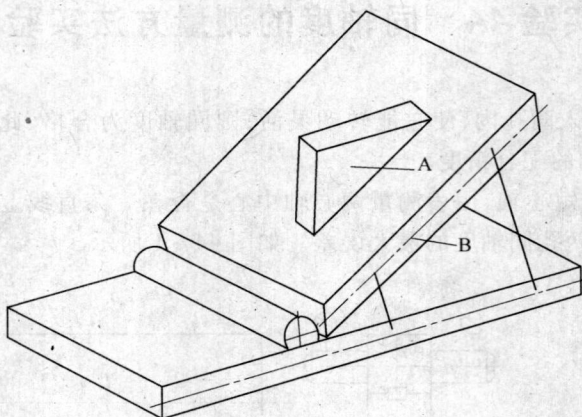

图 45 – 2　量具与基础板侧面平行

5. 在进行斜孔交点尺寸测量时,所用的心轴 A 的轴线应同夹具两基础板的交线平行,如图 45 – 3 所示,否则测量不准。

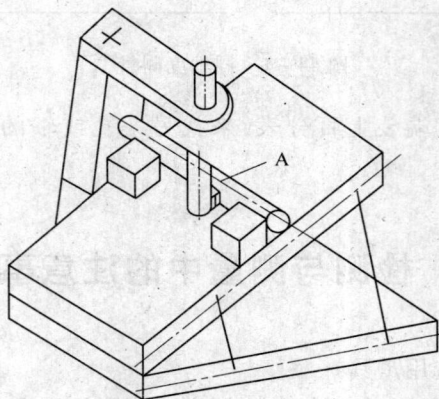

图 45 – 3　心轴 A 与两基础板交线平行

6. 当采用计算方法进行测量交点尺寸时,检验心棒的位置应尽量靠近工件的加工部位,以减小因实际角度与理论角度的误差而引起交点尺寸的误差。

7. 外轮廓尺寸较大或较高的夹具,在检验测量时,应将夹具底面全部放在平台上,防止因部分悬在平台外产生变形,造成测量不准。

8. 检查回转夹具时,测量基准应是回转中心,测量时应回转 180°两次测量,取其误差的平均值。

9. 防止过失误差,注意读数的正确,严防拿错块规或将厚、宽尺寸相差不多的块规组错方向。计算过程中忽视漏加尺寸,如测量心轴,定位销有厚度尺寸等。

10. 在测量多孔钻模的孔距尺寸时,应先查各导孔之间的垂直度与平行度,合格后再检测孔距尺寸。

"专用"组合夹具组装

实验46 （车床）组合夹具组装实验

一、实验原理

由一套预先制造好的不同形状、不同规格、不同尺寸的标准元件及合件组装而成。车床夹具工作状态是回转方式,组装夹具时应注意夹具的对称性和平衡性。

二、实验目的

1. 学会识别车床夹具通常使用的基础件、支承件、定位件、夹紧件、合件等元件;
2. 学会组合夹具的组装过程和装配顺序;
3. 根据工艺要求,组装、调试、检测车床组合夹具。

三、实验内容及要求

图46-1所示台阶轴类零件图,加工 $\phi53_{-0.046}^{0}$ 外圆,定位基面为外圆 $\phi130_{-0.04}^{0}$ 及端面 B,压紧面 C,根据工艺要求组装车床组合夹具。

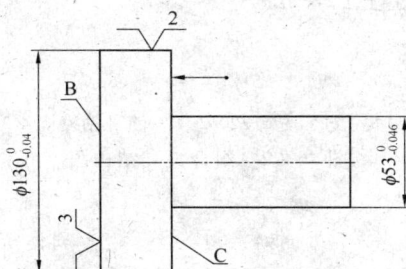

图46-1 台阶轴

四、实验步骤

实验设备:组合夹具零部件(见标准件明细表46-1)、外六方扳手一套、内六方扳手一套
1. 将筒式正方形支承与沉头钻模板在六等分切向圆基础板上组成一个以三点定圆的定位结构;
2. 用三件叉形压板压紧工件。如图46-2所示。

表 46－1   **标准件明细表**

序号	名称	标准号	数量	备注
1	六等分切向圆基础板	Z1466	1	
2	筒式正方形支承	Z2002	3	
3	沉头钻模板	Z4382	3	
4	叉形压板	Z5880	3	
5	双头螺栓	Z63112	6	
6	T形紧固器	Z65818B	6	

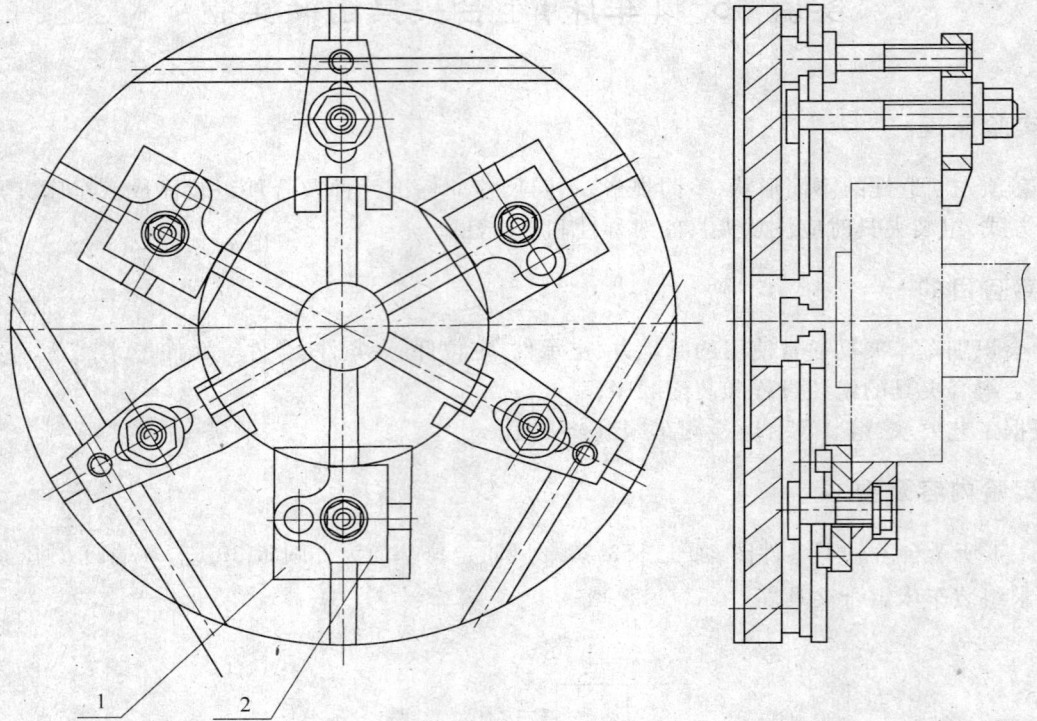

1—筒式正方形支承 Z2002   2—沉孔钻模板 Z4382

图 46－2   组合夹具结构图

实验 47   （铣床）组合夹具组装实验

一、实验原理

    由一套预先制造好的不同形状、不同规格、不同尺寸的标准元件及合件组装而成。铣削加工时切削量较大,且为断续切削,故切削力较大,冲击和振动也较严重,因此组装夹具时,应注意工件的装夹刚性和夹具在工作台上的安装平稳性。

二、实验目的

1. 学会识别铣床夹具通常使用的基础件、支承件、定位件、定向件、夹紧件、合件等元件；
2. 学会组合夹具的组装过程和装配顺序；
3. 根据工艺要求,组装、调试、检测铣床组合夹具。

三、实验内容及要求

图 47－1 所示刚性零件图,加工 20 宽的槽,定位基面底面、端面、侧面,根据工艺要求组装铣床组合夹具。

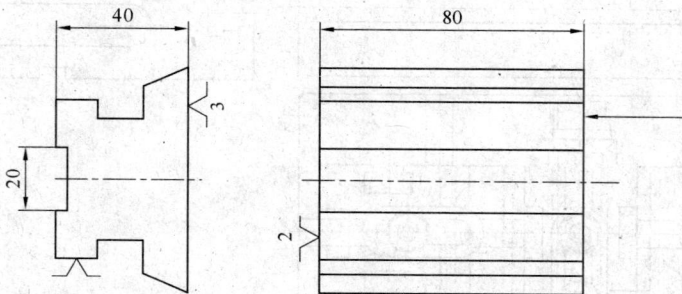

图 47－1　刚性零件

四、实验步骤

实验设备:组合夹具零部件(见标准件明细表 47－1)、外六方扳手一套、内六方扳手一套。

1. 用二竖槽正方形支承、三竖槽长方形支承、宽头叉形压板、平压板等在长方形基础板上组成定位压紧结构。
2. 用二件三竖槽长方形支承组成定向结构。如图 47－2。

表 47－1　　　　　　　　　　标准件明细表

序号	名称	标准号	数量	备注
1	二竖槽正方形支承	Z2022	1	
2	三竖槽长方形支承	Z2132	2	
3	宽头叉形压板		1	
4	平压板		1	
5	长方形基础板		1	

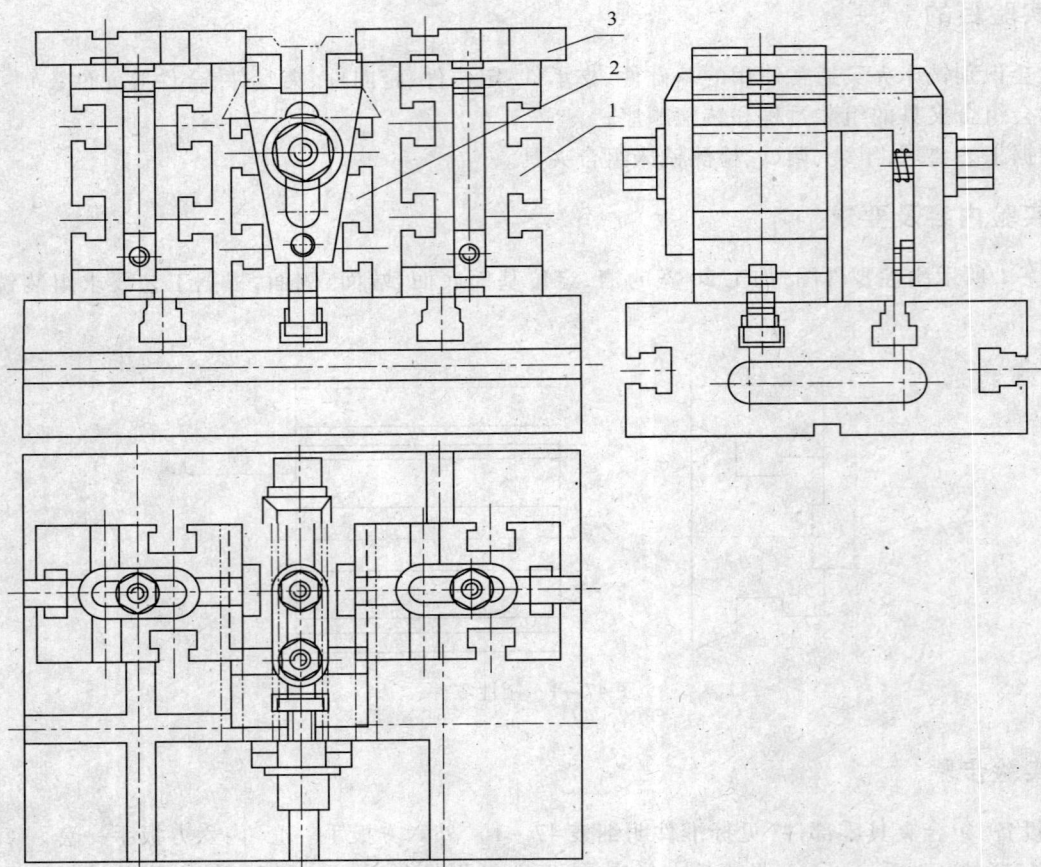

1—二竖槽 Z2022　2、3—三竖槽长方形支承 Z2132
图 47 - 2　组合夹具结构图

实验 48　（钻床）组合夹具组装实验

一、实验原理

在钻床上进行孔的钻、铰、锪及攻螺纹时用的夹具,称为钻床夹具,俗称钻模。钻模上均设置钻套和钻模板,用以导引刀具。钻模主要用于加工中等精度、尺寸较小的孔或孔系。使用钻模可提高孔及孔系间的位置精度,其结构简单、制造方便,因此组合钻模在各类机床夹具中占的比重最大。钻模的种类繁多,本实验以斜孔式钻模为例,由一套预先制造好的不同形状、不同规格、不同尺寸的标准元件及合件组装而成。

二、实验目的

1. 学会识别钻床夹具通常使用的基础件、支承件、定位件、导向件、夹紧件、合件等元件;

2. 学会组合夹具的组装过程和装配顺序;

3. 根据工艺要求,组装、调试、检测钻床组合夹具。

三、实验内容及要求

图 48－1 为法兰盘工件。在工件上钻一斜孔，以孔、平面定位定向。组装钻床组合夹具。

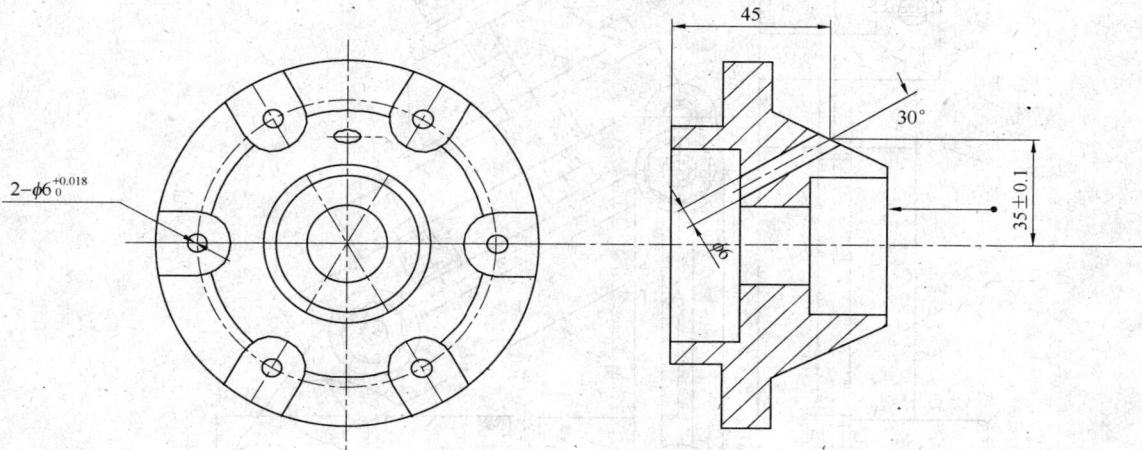

图 48－1　法兰盘

四、实验步骤

实验设备：组合夹具零部件（见标准件明细表 48－1）、外六方扳手一套、内六方扳手一套。

1. 将两长度不等而宽度相同的长方形基础板，用 T 形槽的槽口做支点扳成要求的角度，两侧用连接板等元件夹紧。

2. 用两件沉孔钻模板 Z4382、圆柱定位销 T3100、菱形定位销 T3120、组成定位定向结构。

3. 为了便于装卸工件，用三竖槽长方形支承 Z2132、导向折合板 Z8401、钻模板、钻套等组成折合式钻削引导。如图 48－2。

表 48－1　　标准件明细表

序号	名称	标准号	数量	备注
1	三竖槽长方形支承	Z2132	1	
2	三竖槽长方形支承	Z2132	1	
3	导向折合板	Z8401	1	
4	沉头钻模板	Z4382	2	
5	小圆柱定位销	T3100	2	
6	小菱形定位销	T3120	2	

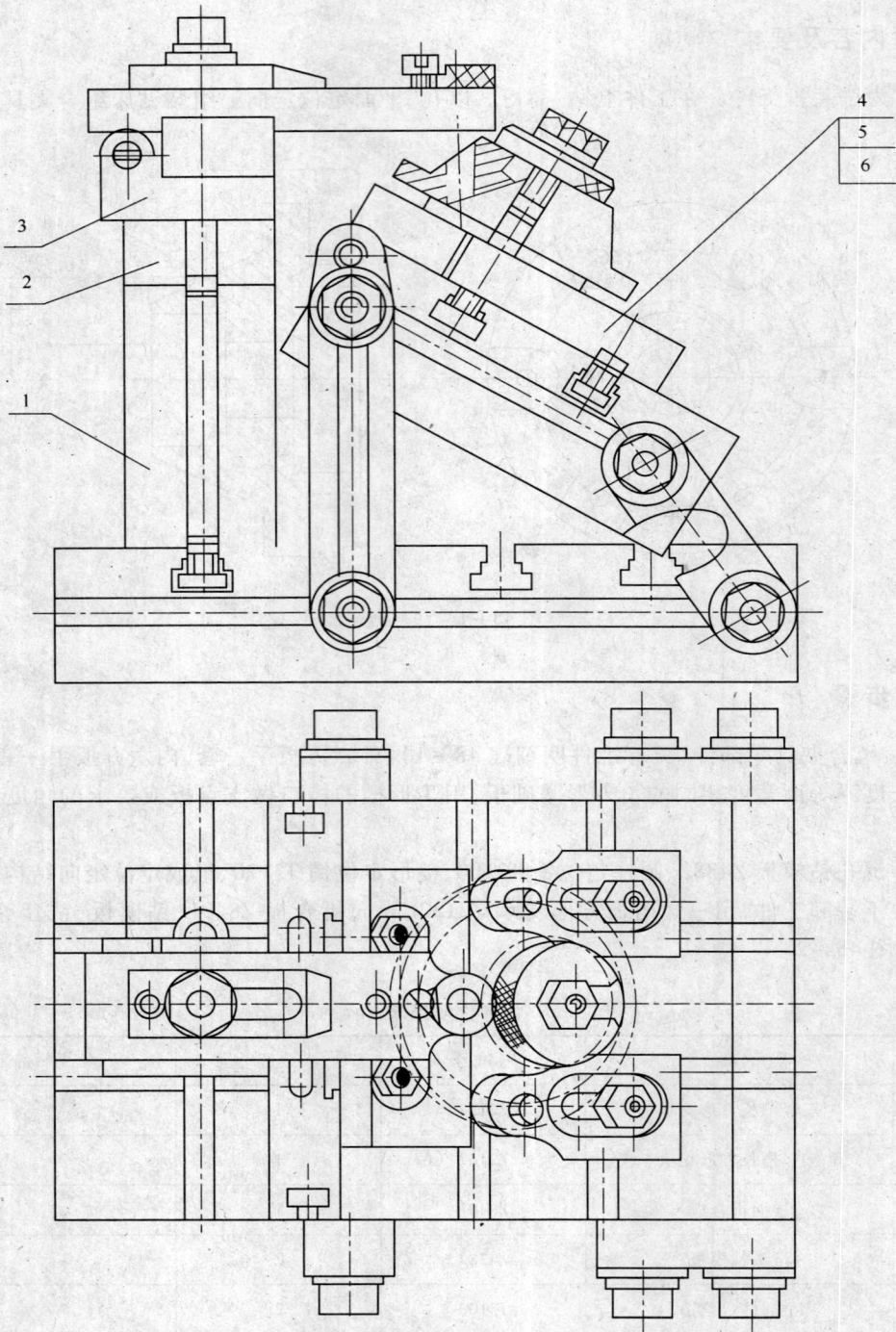

1、2—三竖槽长方形支承 Z2132   3—导向折合板 Z8401
4—沉孔钻模板 Z4382   5—小圆柱定位销 T3100   6—小菱形定位销 T3120
图 48 - 2   组合夹具结构图

参考文献

1. 肖继德、陈宁平主编《机床夹具设计》。机械工业出版社,2004。
2. 李庆寿主编《机床夹具设计》。机械工业出版社,1984。
3. 中国航空工业总公司第三零一研究所《组合夹具组装技术手册》,1997。
4. 王启平主编《机械制造工艺学》及《机床夹具设计习题集》,1981。